Prediction of Chaotic Time Series and
Its Resistance Methods

混沌时间序列预测及其抵抗方法

杜宝祥　著

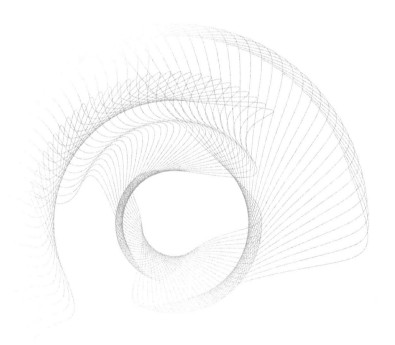

人民邮电出版社

北　京

图书在版编目（CIP）数据

混沌时间序列预测及其抵抗方法 / 杜宝祥著. -- 北京：人民邮电出版社，2020.7（2021.1重印）
ISBN 978-7-115-54040-9

Ⅰ. ①混… Ⅱ. ①杜… Ⅲ. ①时间序列分析 Ⅳ.
①O211.61

中国版本图书馆CIP数据核字(2020)第080360号

内 容 提 要

本书首先分析了现有混沌时间序列预测的基本理论与方法。然后给出了两种预测方法：基于最小二乘支持向量机动态选择集成混沌时间序列预测方法和基于变异粒子群联合参数优化多尺度核混沌时间序列预测方法，两种方法都很好地提高了混沌时间序列的预测精度。最后详细介绍了双重 K-L 变换（Karhunen-Loeve Transform）方法，该方法有效抵抗了对混沌序列的预测，提高了系统的安全性。

本书可作为非线性系统分析相关专业技术人员的参考资料，也可作为相关专业研究生学习非线性系统预测与分析的参考书。

◆ 著　　　　杜宝祥
　　责任编辑　王　夏
　　责任印制　彭志环
◆ 人民邮电出版社出版发行　　北京市丰台区成寿寺路 11 号
　　邮编　100164　　电子邮件　315@ptpress.com.cn
　　网址　https://www.ptpress.com.cn
　　北京天宇星印刷厂印刷
◆ 开本：700×1000　1/16
　　印张：8　　　　　　　　　2020 年 7 月第 1 版
　　字数：157 千字　　　　　　2021 年 1 月北京第 2 次印刷

定价：79.00 元

读者服务热线：(010)81055493　印装质量热线：(010)81055316
反盗版热线：(010)81055315

前　言

　　混沌是自然界广泛存在的现象，混沌动力学系统实质上是一种经典的高维复杂非线性动力系统。混沌系统本身是一个确定性的系统，但在其内部具有一定的随机性。混沌的内随机性使混沌系统对初始值极端敏感，最终导致混沌系统的行为看似毫无规则，表现出了类似随机的现象。这种类似随机的混沌行为，既不是外界随机因素造成的，也不是受到外界环境噪声影响产生的，而是由混沌系统内部的非线性作用的机制导致的。描述混沌系统随时间变化的变量称为混沌时间序列，在实际观测中我们无法找到所有的混沌时间序列值，如何用有限的混沌时间序列观测值找到生成该序列混沌系统的动力学特点，是从事时间序列分析的学者一直以来关注的课题。混沌的初值敏感性使混沌在保密通信领域得到广泛的应用，但混沌序列的短期可预测性，计算机实现混沌系统的退化现象、短周期现象等都给混沌保密通信系统的安全带来巨大威胁。

　　本书首先对混沌时间序列预测的经典算法进行了分析，在此基础上着重论述了笔者提出的基于最小二乘支持向量机动态选择集成混沌时间序列预测方法，以及基于变异粒子群联合参数优化多尺度核混沌时间序列预测方法，这些方法成功地提高了混沌时间序列的预测精度。

　　针对混沌时间序列被预测对保密通信安全性造成的影响，分析了现有混沌时间序列抵抗预测方法，并着重介绍了笔者提出的双重 K-L 变换（Karhunen-Loeve Transform）方法，实验证明了方法的有效性。

　　感谢黑龙江大学丁群教授、东北林业大学陶新民教授在本书出版过程中提出的宝贵意见和建议。在本书的撰写过程中，笔者参阅了国内外许多有关混沌时间序列预测方面的资料，从中吸取了新的思想、新的内容，同时力图有所突破、有所创新，然而混沌时间序列预测方法是近年发展起来的新方向，可供参考的书籍不多，加之笔者能力和水平有限，时间仓促，书中难免有错误和不足之处，敬请阅读本书的老师和同学予以指正。

杜宝祥

2019 年于哈尔滨

目　录

第1章
混沌的基本理论

🔍 1.1 混沌的起源和发展

20世纪下半叶，非线性科学得到了前所未有的蓬勃发展，混沌理论作为非线性科学的重要组成部分，其发展大致经历了以下几个阶段，如图1-1所示。

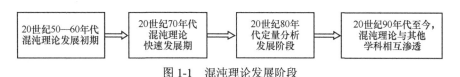

| 20世纪50—60年代混沌理论发展初期 | → | 20世纪70年代混沌理论快速发展期 | → | 20世纪80年代定量分析发展阶段 | → | 20世纪90年代至今，混沌理论与其他学科相互渗透 |

图 1-1　混沌理论发展阶段

20世纪50—60年代为混沌理论的发展初期。这一时期，大量的混沌现象被人们发现并引起了研究者的广泛重视。1963年，美国科学家洛伦兹[1]将气象变化数据绘制在相空间图纸上，所有的数据点形成了一个不完全的自我复制、轨道不相交却不停转动的蝴蝶形象的轨道双螺旋曲线，即称为Lorenz吸引子。而后法国天文学家埃农（Hénon）[2]在Lorenz吸引子的启发下，提出了Hénon方程，即著名的Hénon映射。

20世纪70年代混沌理论进入了快速发展时期。混沌、奇异吸引子等混沌概念被提出，倍周期分岔等混沌现象被发现。1975年，美籍华人李天岩和美国数学家约克（Yorke）[3]首次提出了混沌概念，即著名的Li-Yorke定理。1977年，第一届国际混沌会议在意大利召开，标志着混沌科学作为一个专门的研究领域正式诞生。1978年，费根鲍姆（Feigenbaum）[4]对Logistic方程的倍周期分岔进行了研究，发现了Feigenbaum常数，从而建立了一维混沌映射的普适理论。费根鲍姆证明了通过尺度变换可以走向混沌，从此混沌学研究从定性分析走向了定量计算阶段。

20世纪80年代混沌理论进入了定量分析发展阶段，系统如何从有序进入新的混沌，以及混沌的性质和特点成为研究的焦点。1980 年，法国数学家芒德布罗（Mandelbrot）用计算机绘制了第一张五彩缤纷的混沌图像。Grassberger 等提出了重构动力学的方法，从时间序列中提取分数维、Lyapunov 指数、Kolmogorov 熵等混沌特征量，使混沌理论进入了新的研究阶段。

20 世纪 90 年代至今，混沌理论的研究与其他学科交替渗透，无论是在天文学、物理学、化学、生物学、经济学，还是在电子学、信息科学等领域，混沌理论都获得了广泛的应用。

🔍 1.2 混沌的定义

对于混沌，我们很难给出一个确切的定义，一般认为，混沌就是指在确定系统中出现的一种无规则的类似随机的现象，这个确定性系统中所出现的内在的类随机解称为混沌解。混沌解是一个确定解而不是随机解，因此混沌系统在短期内是可以预测的，由于混沌的初值具有极端敏感性，因此混沌系统长期是不可预测的；而纯粹的随机系统所对应的随机解无论长期还是短期都是不可以预测的，这就是混沌系统和随机系统的最大差别。混沌至今也没有一个统一的定义，下面给出两个最有影响的混沌定义。

1.2.1 李天岩–约克（Li-Yorke）混沌的定义[3]

Li-Yorke 混沌是从区间映射的角度出发进行定义的。

Li-Yorke 定理 设 f 是 $[a,b]$ 上的连续自映射，若 $f(x)$ 有周期 3 的周期点，则对任何正整数 n，$f(x)$ 有周期 n 的周期点。由此给出的 Li-Yorke 混沌定义如下。

定义 1-1 $[a,b]$ 上的连续自映射 f 称为是混沌的，若其满足以下条件。

1）f 的周期点的周期无上界。

2）存在不可数子集 $S \subset [a,b]$，S 中无周期点，且满足以下极限条件。

a）对任意 $x,y \in S$，有 $\liminf_{n \to \infty} |f^n(x) - f^n(y)| = 0$；

b）对任意 $x,y \in S$，且 $x \neq y$，有 $\limsup_{n \to \infty} |f^n(x) - f^n(y)| > 0$；

c）对任意 $x \in S$ 和 f 的任意周期点 y，有 $\limsup_{n \to \infty} |f^n(x) - f^n(y)| > 0$。

在 Li-Yorke 的混沌定义中，前两个极限条件表明子集中的点 x 和 y 相当分散又相当集中，第三个极限条件表明子集不会趋近于任意周期点。

根据 Li-Yorke 定理和 Li-Yorke 混沌的定义可知，对于在区间 $[a,b]$ 上的映射 f，如果存在周期 3 的周期点，就一定存在周期为任何整数的周期点，则一定会出现混沌。

Li-Yorke 混沌的定义刻画了混沌的 3 个重要特征。

1）存在可数的无穷多个周期轨道；

2）存在不可数的无穷多个稳定的非周期轨道；

3）至少存在一个不稳定的非周期轨道。

1.2.2　Devaney 混沌的定义[5]

Devaney 混沌是另一个影响较广泛的混沌数学定义，它是从拓扑的角度出发进行定义的。

定义 1-2　度量空间 V 上的映射 $f : V \rightarrow V$ 称为是混沌的，若其满足以下条件。

1）初值敏感依赖性。存在 $\delta > 0$，对任意的 $\varepsilon > 0$ 和任意的 $x \in V$，在 x 的 ε 邻域 I 内存在 y 和自然数 n，使 $d[f^{n}(x), f^{n}(y)] > \delta$。

2）拓扑传递性。对 V 上的任意开集 X、Y 存在 $k > 0$，$f^{k}(x) \bigcap Y \neq \varnothing$（如一映射具有稠轨道，则它显然是拓扑传递的），其中 $\varnothing$ 表示空集。

3）f 的周期点集在 V 中稠密。

Devaney 混沌的定义从另一角度刻画了混沌运动的几个重要特征。对初值敏感依赖性意味着无论 x 和 y 距离多近，在 f 的多次作用下两者之间的距离 d 都会扩大到超过一定的范围（即 $d > \delta$），而这样的 y 在 x 任意一个小的邻域内都存在，对这样的 f 如果用计算机计算其轨道，则任意微小的初始误差都将导致多次迭代后计算结果与实际结果的差异足够大，从而导致计算失败，因此，对初值的敏感性成为不可预测性。拓扑传递意味着任一点的邻域在 f 的多次作用下将遍及度量空间 V，这说明 f 不可能分解为两个在 f 作用下互不影响的子系统。周期点集在 V 中稠密意味着混沌系统存在规律成分，绝非一片混乱，而是形似混乱实则有序。

🔍 1.3　混沌的主要特点

1）对初始条件的极端敏感性

混沌的最主要特征是动力学特征对初始值有敏感依赖性，这意味着对于初始状态极其相近的两个点，随着时间的推移两者的差距也会呈指数函数扩大。虽然理论上有可能预测时间函数的动力学特征，但由于计算精度的存在，运算误差是不可避免的，这意味着混沌是不可能无限预测的。混沌的初值敏感性意味着混沌的长期不可预测，其内随机性又给短期预测提供了可能。

2）非周期性，表明混沌的非线性和无序性

对于混沌，可以通过尺度变化、重整化群、分形、分维等方法绘图和计算混沌的非线性问题。

3）存在吸引子，动力学特性可以进行相空间重构

吸引子指相空间一个点集或者一个子空间。混沌吸引子的存在使混沌并不是无序的混乱状态，混沌内部空间存在着一定的依赖性，可以通过相空间重构恢复混沌的动力学特征。混沌时间序列预测的主要方法是把混沌映射到低维的子空间以恢复混沌的动力学特征，从而达到短期预测的目的[5]。

4）混沌系统具有正的 Lyapunov 指数

一般的混沌系统都具有正的 Lyapunov 指数，由于混沌系统对初始值十分敏感，因此它的轨道随时间推移呈现指数分离的特征，而 Lyapunov 指数能够定量地描述两个相邻轨道呈指数发散特征。若 Lyapunov 指数为正，则表明轨道具有发散特征，系统将呈现混沌现象。如果 Lyapunov 指数为负，则系统将表现为稳定状态，最终会收敛于某个不动点或出现周期解。混沌时间序列的预测长度与最大 Lyapunov 指数有很大关系。

1.4　混沌系统的主要模型

由于计算机的广泛应用，特别是近些年来计算机运算能力的快速增加，人们对越来越多的非线性问题进行了准确的计算，发现自然界中的许多问题都存在着混沌运动，学者们相继提出了很多的混沌模型，下面简单介绍几个比较常见的模型。

1. Logistic 方程

Logistic 方程是用来描述生态学中的人口（或虫口）的方程，它描述了人口（或虫口）数目随世代的变化，其方程为

$$x_{n+1} = \mu x_n (1 - x_n) \tag{1-1}$$

其中，参数 μ 取值为 3～4，Logistic 方程的迭代结果如图 1-2 所示。

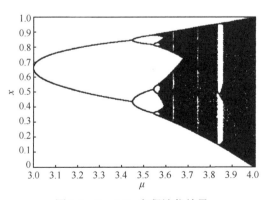

图 1-2　Logistic 方程迭代结果

2．Lorenz 方程

1963 年，美国麻省理工学院的气象学家洛伦兹研究大气运动描述时提出了著名的 Lorenz 方程，如式（1-2）所示。

$$\begin{cases} \dot{x} = -\sigma x + \sigma y \\ \dot{y} = rx - y - xz \\ \dot{z} = xy - bz \end{cases} \tag{1-2}$$

这是一个三阶常微分方程组。参数 $\sigma = 16$，$b = 4$，$r = 45.92$ 对应的吸引子如图 1-3 所示。

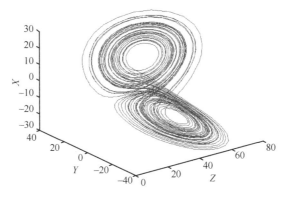

图 1-3　Lorenz 三维吸引子

3．Hénon 映射

1976 年，法国天文学家埃农从 Lorenz 吸引子中得到启发，提出了 Hénon 映射，其方程如式（1-3）所示。

$$\begin{cases} x_{n+1} = 1 + by_n - ax_n^2 \\ y_{n+1} = x_n \end{cases} \tag{1-3}$$

其中，a 和 b 为参数。以 $a = 1.4$，$b = 0.3$ 为例，其吸引子如图 1-4 所示。

4．Mackey-Glass 方程

1977 年，Mackey 和 Glass 发现了时滞系统中的混沌现象，这就是 Mackey-Glass 方程。该方程最初是用来描述白细胞繁殖的模型，后来成为混沌模型研究的典型代表。Mackey-Glass 方程的表达式如式（1-4）所示。

$$\frac{\mathrm{d}x(t)}{\mathrm{d}t} = -cx(t) + \frac{ax(t-\tau)}{1 + x^b(t-\tau)} \tag{1-4}$$

其中，a、b、c 为参数，τ 为时延。通常取 $c = 0.1$，$b = 10$，$a = 0.2$。τ 分别取 17

和 30 得到的时间序列如图 1-5 所示，其中 MGS 为 Mackey-Glass 方程的幅值。

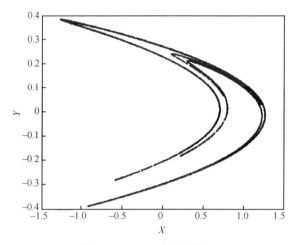

图 1-4　Hénon 映射吸引子

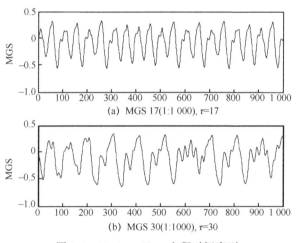

(a) MGS 17(1:1 000), $\tau=17$

(b) MGS 30(1:1000), $\tau=30$

图 1-5　Mackey-Glass 方程时间序列

参考文献

[1] LORENZ E N. Deterministic non-periodic flow[J]. Journal of the Atmospheric Sciences, 1963, 20(2): 130-141.

[2] HÉNON M. A two-dimensional mapping with a strange attractor[J]. Communications in Mathematical Physics, 1976, 50(1): 69-77.

[3] LI T Y, YORKE J A. Period three implies chaos[J]. American Mathematical Monthly, 1975, 82: 985-992.

[4] FEIGENBAUM M J. Quantitative universality for a class of nonlinear transformations[J]. Journal of Statistical Physics, 1978, 19(1): 25-52.

[5] 韩敏. 混沌时间序列预测理论与方法[M]. 北京: 中国水利水电出版社, 2007.

第2章
混沌时间序列预测的基本理论与方法

2.1　混沌时间序列预测理论研究的意义

混沌是一种具有确定性系统中出现的无规则的运动。混沌的离散情况通常表现为混沌时间序列。混沌时间序列是基于混沌模型生成的并且具有混沌特性的时间序列，其中蕴含着丰富的混沌系统动力学信息，是混沌理论通向现实世界的一个桥梁，也是混沌研究非常重要的应用领域[1]。混沌理论研究的目的是揭示貌似随机的现象背后可能隐藏的简单规律，以求发现一大类复杂问题普遍遵循的共同规律。时间序列在自然界、工程技术、信息安全以及经济等领域都具有广泛的应用，例如太阳黑子序列、气象领域的降水量、河流径流以及混沌保密通信等都是科学家研究的对象。

鉴于混沌的初值极其敏感性，混沌被广泛应用于信息安全领域。混沌系统是具有内随机性的确定性系统，这就意味着混沌系统在短时间内是可以预测的。短时间的可预测性给混沌保密通信的安全性带来了一定的冲击。如何准确地分析混沌系统，研究混沌系统的预测时间及准确度，提高混沌系统的预测难度，这是当前混沌保密通信领域面临的关键问题。

时间序列中包含了大量的历史信息，如何充分利用这些历史信息及当前的观测值是预测时间序列的关键。首先，需要建立能够精确反应时间序列中相互动态依存关系的数学模型；然后，依靠这个模型对序列的未来取值做出正确的判断。科学准确的预测结果可以给人们的生产生活带来很多帮助。例如，通过预测未来的天气做好防灾减灾的工作；通过对经济生活的预测适当地加以宏观调控，使人民的生活处于平稳发展的状态，避免经济危机的发生；在信息安全领域，如果能够提前对加密系统的安全性进行预测分析，及时发现问题并进行改进，那么加密系统的安全性能将会得到大幅度提高。因此，混沌时间序列预测的研究受到了国内外学者的广泛重视，成为一个具有重要的理论和实际应用价值的研究方向。

由于混沌时间序列具有非线性、非平稳的特征，所以传统的统计学的线性回归模型等处理线性时间序列预测的方法不适用于混沌时间序列预测。近年来，基于数据驱动的各类机器学习方法在混沌时间序列的预测领域得到了广泛应用[2-13]，其中神经网络和支持向量机等方法最具代表性。如何构造出预测精度更高、预测步长更长的混沌时间序列预测模型，是众多学者研究的目标，也是本书论述的主要内容。

🔍 2.2　混沌时间序列预测的国内外研究现状

时间序列可以分为线性和非线性两类，取自线性系统的时间序列被称为线性时间序列，取自非线性系统的时间序列被称为非线性时间序列。线性时间序列相比于非线性时间序列更简单、也更容易分析预测。最初人们研究时间序列是从线性时间序列开始的，后来发现自然界存在的时间序列更多的是处于非线性系统中的非线性时间序列，因此非线性时间序列成为越来越多学者的研究对象。

2.2.1　线性时间序列的预测模型

1927 年，Yule 提出了自回归（Autoregressive, AR）模型[14]标志着应用统计学方法分析线性时间序列的开端。随后，研究者在此基础上提出了一个新的模型——滑动平均（Moving Average, MA）模型[15]，然后经过多年的实践努力最终将 AR 模型和 MA 模型相结合，逐渐发展成为自回归滑动平均（Autoregressive Moving Average, ARMA）模型[16]。ARMA 模型对参数的估计方法分为两类：第一类为直接估计法，即根据观测到的数据和统计特性估计模型参数；第二类为递推估计法，即利用已经求得的低阶模型的参数递推对应的高阶模型参数。ARMA 适合平稳、标量、简单的时间序列建模问题，对应的系统应该是线性系统。对于非线性复杂系统，特别是混沌系统，ARMA 模型的预测建模效果很差。

2.2.2　非线性时间序列预测模型

2.2.2.1　基于线性预测改进的非线性时间序列预测方法

由于实际遇到的绝大多数时间序列都是非线性的，线性模型的应用受到了很大限制，在这样的背景下，很多学者在线性预测方法的基础上进行了不同的改进，使之能够适合非线性、非平稳时间序列的预测。比较典型的有自回归求和滑动平均[17]（Autoregressive Integrated Moving Average, ARIMA）、双线模型[18]（Bilinear Model）、自回归条件异方差（Autoregressive Conditional Heteroskedasticity, ARCH）模型[19]、泛化自回归条件异方差（Generalized Autoregressive Conditional Heterosecdastic, GARCH）模型[20]、门限自回归（Threshold Autoregressive, TAR）模型[21]等。这些改进的统计时间序列预测模型只能够针对部分非线性时间序列的预测取得较好的效果。从本质上来说，这些模型只是传统的 ARMA 模型线性时间序列预测方法的变形，需要借助先验知识，构造或者假设模型的结构。然而非线性时间序列往往隐含了很多复杂的动态特性，包含了诸多不确定性，应用确定模型结构往往无法体现系统的所有重要特性，该缺陷最终导致了这些模型预测精度的大幅下降。

2.2.2.2 基于机器学习的非线性时间序列预测方法

近年来，机器学习方法表现出了很强的非线性逼近性能，逐渐成为非线性、平稳复杂的时间序列的主要预测方法。这些方法可以概括成两类：第一类是人工神经网络时间序列预测方法；第二类是支持向量机时间序列预测方法。混沌时间序列预测的主要方法如表 2-1 所示。

表 2-1　混沌时间序列的主要预测方法

研究者	发表时间	研究方法	模型种类
Werbos[22]	1974 年	MLP（Multilayer Perceptron）	前馈
Lapedes[23]	1987 年	MLP	前馈
Casdagli[24]	1989 年	RBF（Radial Basis Function）	前馈
Andrea[25]	1990 年	RBF	前馈
Principe 等[26]	1992 年	TDNN（Time-Delay Neural Network）	前馈
Wan[27]	1993 年	FIRNN（Finite Impulse Response Neural Network）	前馈
Connor 等[28]	1994 年	RNN（Recurrent Neural Network）	递归
Principe 等[29]	1995 年	NAR（Nonlinear Auto Regressive）	递归
顾炜等[30]	1995 年	MLP	前馈
Vesanto[31]	1997 年	SOM（Self-Organizing Map）	局部
Zhang 等[32]	1997 年	Elman	递归
Mukherjee 等[33]	1997 年	SVM（Support Vector Machine）	前馈、核方法
Muller 等[34]	1997 年	SVM	前馈、核方法
Suykens 等[35]	2000 年	RLS-SVM（Recurrent Least Square-SVM）	递归、核方法

（续表）

研究者	发表时间	研究方法	模型种类
Leung 等[36]	2001 年	RBF	前馈、核方法
陈哲等[37]	2001 年	WNN（Wavelet Neural Network）	前馈
Girard[38]	2003 年	GP（Gaussian Process）	前馈、核方法
Jaeger[39]	2004 年	ESN（Echo State Network）	递归、储备池法
Han 等[40]	2004 年	MFLNN（Multi-Function Link Neural Network）	递归
Gao 等[41]	2005 年	FNN（Feedforward Neural Network）	递归
Aydogan 等[42]	2007 年	MFLNN	递归、组合
Shi 等[43]	2007 年	SVESM（Support Vector Echo-State Machine）	递归
Daniel 等[44]	2008 年	FRNN（Fuzzy Recurrent Neural Network）	组合
Nouri 等[45]	2009 年	HBRM（Hierarchical Bayesian Reservoir Memory）	组合
Dymitr 等[46]	2011 年	GMA（Generic Multilevel Architecture）	分层、组合
Wu 等[5]	2012 年	FNN	组合
Shen 等[47]	2013 年	ACO（Ant Colony Optimization）	组合

人工神经网络（Artificial Neural Network, ANN）出现于 20 世纪 80 年代。ANN 具有自组织和学习能力，可以逼近任意复杂的非线性函数，这些特点为解决复杂的非线性时间序列预测提供了很好的解决途径[48]。ANN 是一种基于数据的建模方法，建模过程中不需要提供先验知识和专家经验，只需要对适当数量的样本数据进行训练即可获得预测模型。按照网络结果划分，ANN 可分为前向型网络（FFN）、反馈型网络（RNN）。前向型网络中应用比较广泛的主要有反向传播（Back Propagation, BP）神经网络、径向基函数（RBF）神经网络等。Werbos[49]提出将 BP 神经网络应用于混沌时间序列预测，并证明 BP 神经网络预测方法与其他回归方法相比提高了预测精度。RBF 神经网络是一种局部逼近的网络，其逼近性能、分类能力等都优于 BP 神经网络，在混沌时间序列的预测应用中取得了较好的效果[50]。反馈神经网络采用生物神经系统，输入层和输出层间引入了反馈，理论上可以用任何精度模拟系统[51]。根据反馈链接形式的不同，递归神经网络可分为多种类型，包括 Elman 网络[52]、Hopfield 网络[53]、NARX 网络[54]等。

20 世纪 90 年代，以支持向量机为代表的各类核方法在模式分类及回归分析中得到了广泛应用。相比 MLP、RBF 等前向神经网络，支持向量机具有全局最优、适合小样本数据、泛化能力强等优势，在非线性时间序列预测领域逐渐得到重视，并迅速发展起来[14]。除了经典的支持向量机外，研究人员还通过不同的形式对支持向量机进行了改进和优化，用来建立不同的非线性时间序列预测模型[55]，比较典型的有最小二乘支持向量机[56-58]、模糊支持向量机[59-60]。这些方法在混沌时间序列预测方面都取得了一定的效果，但它们大多是对已知样本进行学习，在样本间产生某种规则，然后利用学到的新规则对新的样本进行判断。这样的方法往往只对某些混沌时间序列适用，泛化能力不强是其最大的缺陷，如何改进这个缺陷是需要研究的问题。从表 2-1 可以看出，混沌时间序列预测从前馈神经网络发展到递归神经网络，2007 年以后的混沌时间序列预测方法大多采用组合方法，组合方法可以应对不同的混沌时间序列样本，具有较好的泛化能力。

由于集成学习（Ensemble Learning）在提高泛化能力方面具有天然优势，近年来对集成学习理论的研究成为机器学习理论研究的热点。集成学习就是应用多个比较弱的分类器构成比较强的分类器，它可以调用一些比较简单的学习算法，来获取不同的基学习机，然后通过一定的算法把不同功能的基学习机组合成为一个新的学习机，新的学习机相对原来的基学习机而言，其泛化能力得到了很大的提高。自 20 世纪 90 年代以来，集成算法的理论与应用研究成为机器学习理论的热门问题。有的学者用神经网络构成集成学习机的基学习机[61-62]取得了较好的效果。后来，一些学者将支持向量机作为集成学习机的基学习机[63-64]也取得了非常不错的效果。随着集成学习理论的不断发展，其在基因数据分析[65]、图像处理[66]、蛋白质结构分类[67]、网络入侵检测[68]等领域得到了广泛应用。近年来，有学者尝试把集成学习应用到预测领域。文献[69]应用集成学习算法实现了对风电发电功率的预测，依据样本的概率分布调整对集成学习机的选择，取得了比较好的预测效果。文献[70]应用集成学习算法实现了对机场噪声的预测，首先基于粗糙集理论对历史检测数据进行简约分组，然后构造属性子集，最后实现对集成学习机的集成。从以上研究可以看出，集成学习理论已经在众多领域得到应用，但其在预测领域的应用还属于起步阶段。本书分析了混沌时间序列的特点，建立了一个能够分析不同的混沌序列样本，针对不同样本自适应选择集成学习机的预测模型，并用最小二乘支持向量机作为集成学习的基学习机，实现对不同混沌时间序列的预测。

支持向量回归（Support Vector Regerssion, SVR）算法被广泛应用于混沌时间序列预测。目前针对 SVR 算法的研究大多集中在单个核函数构造和参数优化[71-73]上，然而对于分布相对复杂的数据，单核支持向量回归算法的性能主要取决于核函数及其参数的选择，常规的交叉验证等参数确定方法相当费时且存在很大的随意性，因此预测精度和支持向量的数目极易受到影响。另外，实际中通常只能获得有限的实测数据，在少量的实测数据样本下，使用单一支持向量回归准确建立具有复杂变化规律的模型比较困难。和单一核函数模型相比，多核学习获得的混合核可使数据信息在特征空间得到更充分的表示，可以提高预测精度、减少支持向量的数目。近年来，出现了大量的有关多核学习的研究方法[74-77]，多核学习方法通过与支持向量机相结合，在很多领域受到了科研人员的关注，如模式分类[78]、模式回归[79]、多目标检测与识别[80]等领域多核学习都取得了较好的应用。虽然多核学习已经取得了很多成功的应用，但大多是由简单核函数的线性组合构成的，选择和组合核函数缺乏确定的依据，这限制了多核学习的应用。在这样的情况下，出现了一些新的核组合模式，即将多个不同尺度的核进行融合，这样的方法应用更灵活，尺度选择更多，能够提高对不同样本学习的适应性。伴随着多尺度分析理论的不断完善，目前多尺度核取得了较好的应用[79,81-83]。对于多尺度核的学习方法主要有两种。一种方法是多尺度核序列合成方法[84]，该方法应用不同尺度核拟合不同区域的样本，大尺度核拟合平滑区域样本，小尺度核拟合变化剧烈区域样本。另一种方法是基于智能优化的多尺度核学习方法，该方法是针对整体多核参数的智能优化。文献[79]提出了应用 EM（Expectation Maximization）算法训练多尺度回归问题，文献[85]提出了两种迭代 EM 训练算法，这些方法都加快了训练过程，对多尺度核的学习效果有较明显的提升。

鉴于多尺度核的良好性能，本书对多尺度核混沌时间序列预测进行了介绍，结合多尺度逃逸 PSO 算法联合优化参数，实现对混沌时间序列的高精度预测。

2.3　相空间重构理论

自然科学与工程技术领域的系统大多是高维复杂的非线性系统，很多时候只能得到这些高维系统的一维信息，即单一变量的时间序列，然而真实的系统是高维的，如何应用现有的有限的单变量时间序列数据重构原动力系统，成为分析原系统的关键问题。通过相空间重构找出数据隐藏的演化规律，再通过现有数据分析还原原动力系统的模型，最终可以完成混沌系统的预测工作。

相空间重构最早是由 Packard 等[86]提出的。1980 年 Packard 等提出了两种相空间重构方法——导数重构法和坐标时延法。从理论上讲，导数重构法和坐标时延法都可以进行相空间重构，但一般情况下人们并不知道时间序列的任何先验信息，并且数值微分的误差计算很敏感，所以相空间重构普遍采用坐标时延重构方法。1981 年 Takens[87]从数学角度对相空间重构方法进行了证明。

假设观测得到系统的某一分量时间序列为 $\{x(k), k=1,2,\cdots,N\}$，那么在相空间重构一点的状态矢量表示为

$$\boldsymbol{X}(i) = [x(i), x(i+\tau), \cdots, x(i+(m-1)\tau)], \ i=1,2,\cdots,M \qquad (2\text{-}1)$$

其中，M 为相空间重构相点的个数，$M = N - (m-1)\tau$，m 为系统的嵌入维数，τ 为时延，Takens 已经证明了在嵌入维数足够大的情况下，重构的相空间可以保留动力系统的许多特性，能够在拓扑等价的情况下恢复系统的动力学特性。重构相

空间关键在于如何选取嵌入维数 m 和时延 τ，虽然 Takens 提出并且证明了嵌入定理，但他并没有对具体的嵌入维数和时延的选择给出确定的方法。m 选择过小则很难展示复杂系统的真实结构；m 选择过大则会使点间的真正关系由于点的密度减小而变得不清楚，并造成所需要的数据增加，最终增加了计算的复杂化。τ 的选择也很关键，τ 太小会造成相关性太强，信息难以显露；τ 太大则会使时间序列描述的动力系统失真。

关于 m 和 τ 的关系目前主要有两种观点。第一种观点认为 m 和 τ 是互不相关的，可以独立选取。根据该观点求 m 可以用 G-P（Grassberger-Procaccia）算法、伪最邻近算法等；求 τ 可以选取互信息法、自相关法、平均位移法等。第二种观点认为 m 和 τ 是相关的，两者相互依赖，对 m 和 τ 的求解方法主要有时间窗口法、C-C方法等[14]。

🔍 2.4 几种基本的混沌时间序列预测方法

2.4.1 全局预测法

全局预测法是建立在相空间重构基础上的一种预测方法。该方法的基本思想是用重构相空间的状态点拟合一个光滑函数，将该函数作为预测模型，预测轨迹的走向。全局预测法主要有两种形式：全局多项式模型和神经网络模型。

根据 Takens 定理，对于合适的 m 及 τ，假设重构后的相空间状态向量为 $X(t)=\{x(t),x(t-\tau),\cdots,x(t-(m-1)\tau)\}$，由于原系统的动力学方程形式未知，通常根据给定的数据构造映射 F，然后用 F 去逼近非线性预测函数，从而使式（2-2）达到最小值。

$$\sum_{t=0}^{N}\left\{X(t+\tau)-F(X(t))\right\}^{2} \tag{2-2}$$

当相空间维数较低时，可以采用高阶多项式进行全局逼近。而相空间维数较高时，用高阶多项式拟合重构相空间轨迹的计算量会很大，这时为了简化计算，通常来用典型的自回归分析。神经网络具有强大的非线性拟合能力和泛化能力，被广泛应用于混沌时间序列预测中，但由于空间轨迹复杂，实际数量有限，相点间演化轨迹变化多样，若将全相点作为参考数据，拟合效果并不好。全局预测法一般计算比较复杂，尤其是 m 很高或 F 很复杂时，预测精度会迅速下降，因此一般适用于 F 不复杂、噪声干扰小的情况。由于实际应用中数据量有限，很难求出真正的 F，因此全局预测法中的多项式预测实际应用效果不佳。

2.4.2　局域预测法

局域预测法与全域预测法不同之处在于，局域预测法不是对 m 维嵌入空间中的所有状态相量进行拟合，而是在状态点中选出与需要预测的状态点临近的点来拟合重构函数。局域预测法对整个嵌入空间的全部轨道点进行拟合时，得到的拟合预测函数实际是分段函数，能够很好地体现非线性特征。局域预测方法可以分为两类：一类是局域线性预测方法，另一类是局域非线性预测方法。线性局域预测方法主要有局域零阶预测法、加权零阶局域法、局域一阶预测法、加权一阶局域法，Lyapunov 指数预测法等。

局域预测法的优点在于预测值的计算量比全局预测法少，并且每隔一个时间段就构造出一些新的状态矢量，非常适用于短期预测。但局域预测法需要较多的存储空间，邻近状态向量的不断构造和搜索确定以及求解预测参数都需要很多计算时间。下面介绍基于最大 Lyapunov 指数的预测方法。

混沌轨道对初值极其敏感，这种敏感性可以用 Lyapunov 特征指数定量描述，对于一个多维动力系统，若最大 Lyapunov 指数为正，则认为该系统一定是混沌系统。时间序列的最大 Lyapunov 指数是否大于零可以作为该序列是否为混沌的判定依据。目前，常用的计算 Lyapunov 指数的数值方法有定义法、Wolf 方法、Jocobian 方法和 p 范数法。计算最大 Lyapunov 指数，可以使用 Nicolis 方法和小数据量法[14]。

Wolf 等提出了利用最大 Lyapunov 指数进行混沌预测的方法，其基本思想是在历史序列样本中寻找相似点，再根据相似点的演化行为以及最大 Lyapunov 指数的物理意义，运用所设计的数学模型获取预测值。

假设 λ_1 为系统最大 Lyapunov 指数，$X(t)$ 是中心点，$X(t_n)$ 是 $X(t)$ 最近邻的点，令 $X(t)$ 与 $X(t_n)$ 间的欧氏距离为 d，则

$$d = \left\| X(t) - X(t_n) \right\| \tag{2-3}$$

$X(t)$ 与 $X(t_n)$ 经一步演化分别成为 $X(t+1)$ 与 $X(t_n+1)$，根据最大 Lyapunov 指数 λ_1 的物理意义，可得

$$\mathrm{e}^{\lambda_1} = \frac{\left\| X(t+1) - X(t_n+1) \right\|}{\left\| X(t) - X(t_n) \right\|} \tag{2-4}$$

其中，n 为相点总数。具体算法如下。

1）首先根据 G-P 算法计算出关联维 D，确定嵌入维数 m（$m \geqslant 2D+1$），时延 τ，通过 Takens 定理重构相空间，即 $X(t) = \{x(t), x(t-\tau), \cdots, x(t-(m-1)\tau)\}$。

2）计算最大 Lyapunov 指数 λ_1。

3）寻找中心点 $X(t)$ 的临近状态 $X(t_n)$，并计算欧氏距离 d。

4）计算 $X(t+1)$，并根据约定规则对根进行取舍。

2.4.3 自适应预测法

　　自适应预测根据当前获得的数据和当前的预测误差不断修正模型参数，是一种动态的调整参数方法。该方法适用于已知数据不完整或者实际物理系统具有时变特征的情况。自适应预测方法只需要很少的训练样本就能对混沌序列做出很好的预测，特别适合小数据量，实用性很强。该方法能自适应地跟踪混沌的运动轨迹，预测精度高。目前常用的方法有基于级数展开的自适应滤波预测、基于非线性函数变换的非线性自适应滤波预测等。

2.5　本章小结

　　本章主要介绍了混沌时间序列的基本研究状况。混沌时间序列是非线性预测，由线性预测发展而来。经过多年的发展，特别是神经网络和支持向量机的出现，大大提高了混沌时间序列预测的准确性。本章给出了 3 种常见的预测方法：全局预测方法、局域预测方法、自适应预测方法。

参考文献

[1]　吕金虎, 陆君安, 陈士乐. 混沌时间序列分析及其应用[M]. 武汉: 武汉大学出版社，2002.

[2]　SHI Z W, HAN M. Support vector echo-state machine for chaotic time-series prediction[J]. IEEE Transactions on Neural Networks, 2007, 18(2): 359-372.

[3]　FU Y Y, WU C J, JENG J T, et al. ARFNNs with SVR for prediction of chaotic time series with outliers[J]. Expert Systems with Applications, 2010, 37: 4441-4451.

[4]　CHANDRA R, ZHANG M J. Cooperative coevolution of Elman recurrent neural networks for chaotic time series prediction[J]. Neurocomputing, 2012, 86: 116-123.

[5]　WU X D, WANG Y N. Extended and unscented Kalman filtering based feedforward neural networks for time series prediction[J]. Applied Mathematical Modelling, 2012, 36: 1123-1131.

[6]　GROMOV V A, SHULGA A N. Chaotic time series prediction with employment of ant colony optimization[J]. Expert Systems with Applications, 2012, 39: 8474-8478.

[7]　韩敏, 穆大芸. 回声状态网络 LM 算法及混沌时间序列预测[J]. 控制与决策,2011, 26(10): 1469-1478.

[8]　高光勇, 蒋国平. 采用优化极限学习机的多变量混沌时间序列预测[J]. 物理学报, 2012, 61(4): 37-45.

[9]　王新迎, 韩敏. 基于极端学习机的多变量混沌时间序列预测[J]. 物理学报, 2012, 61(8):

97-105.

[10] 赵永平, 张丽艳, 李德才, 等. 过滤窗最小二乘支持向量机的混沌时间序列预测[J]. 物理学报, 2013, 62(12): 113-121.

[11] 韩敏, 许美玲. 一种基于误差补偿的多元混沌时间序列混合预测模型[J]. 物理学报, 2013, 62(12)：106-112.

[12] 唐州进, 任峰, 彭涛, 等. 基于迭代误差补偿的混沌时间序列最小二乘支持向量机预测算法[J]. 物理学报, 2014, 63(5): 1-10.

[13] 林屹, 严洪森, 周博. 基于多维泰勒网的非线性时间序列预测方法及其应用[J]. 控制与决策, 2014, 29(5): 795-801.

[14] 韩敏. 混沌时间序列预测理论与方法[M]. 北京:中国水利水电出版社, 2007.

[15] WINTERS P R. Forecasting sales by exponentially weighted moving averages[J]. Journal Management Science, 1960, (6): 324-342.

[16] GEORGE B. Time series analysis: forecasting and control[M]. 3rd ed. New Jersey: John-Wiley, 1994.

[17] BOX G E P, JENKINS J. Time series analysis: forecasting and control[M]. SanFrancisco: Holden-Day, 1976.

[18] BOLLERSLEV T. Generalised autoregressive conditional heteroscedasticity[J]. Journal of Econometrics, 1986(31): 307-327.

[19] ENGLE R F. Autoregressive conditional heteroscedasticity with estimates of the variance of U. K. inflation[J]. Econometrical, 1982(50): 987-1008.

[20] TONG H, LIM K S. Threshold autoregression limit cycles and cyclical data[J]. Journal of Royal Statistical Society, Series B, 1980(42): 245-292.

[21] MARTIN C. Nonlinear prediction of chaotic time series[J]. Physica D: Nonlinear Phenomena, 1989, 35(3): 335-356.

[22] WERBOS P J. Beyond regression: new tools for prediction and analysis in the behavioral science[D]. Cambridge: Harvard University, 1974.

[23] LAPEDES A S, FARBER R M. How neural nets work[C]// Neural Information Processing Systems. Massachusetts: MIT Press, 1987: 442-456.

[24] CASDAGLI M. Nonlinear prediction of chaotic time series[J]. Physica D: Nonlinear Phenomena, 1989, 35(3): 335-356.

[25] ANDREA S, WEIGEN D, BERNARDO A, et al. Time series prediction[J]. International Journal of Neural Systems, 1990, 1(3): 193-209.

[26] PRINCIPE J C, RATHIE A, JYH-MING K. Prediction of chaotic time series with neural networks and the issue of dynamic modeling[J]. International Journal of Bifurcation and Chaos, 1992, 2(4): 989-996.

[27] WAN E A. Finite impulse response neural networks with applications in time series prediction[D]. Palo Alto: Stanford University, 1993.

[28] CONNOR J T, MARTIN R D, ATLAS L E. Recurrent neural networks and robust time series prediction[J]. IEEE Transactions on Neural Networks, 1994, 5(2): 240-254.

[29] PRINCIPE J C, KUO J M. Dynamic modeling of chaotic time series with neural network[J]. Advances in Neural Information Processing Systems, 1995 (7): 311-318.

[30] 顾炜, 瞿东辉. 对复杂混沌时间序列快速预测的前馈神经网络[J]. 复旦大学学报(自然科学版), 1995, 34(3): 262-268.

[31] VESANTO J. Using the SOM and local models in time-series prediction[C]//Workshop on Self-Organizing Maps. 1997: 209-214.

[32] ZHANG J, TANG K S, MAN K F. Recurrent NN model for chaotic time series prediction[C]// The Annual Conference of the IEEE Industrial Electronics Society. Piscataway: IEEE Press,1997: 1108-1112.

[33] MUKHERJEE S, OSUNA E, GIROSI F. Nonlinear prediction of chaotic time series using support vector machines[C]//The 7th IEEE Workshop on Neural Networks for Signal Processing. Piscataway: IEEE Press,1997: 511-520.

[34] MULLER K R, SMOLA A J, RATSCH G, et al. Predicting time series with support vector machines[C]//The 7th International Conference on Artificial Neural Networks. Piscataway: IEEE Press,1997: 999.

[35] SUYKENS J A K, VANDEWALLE J. Recurrent least squares support vector machines[J]. IEEE Transactions on Circuits and Systems I: Fundamental Theory andApplications, 2000, 47(7): 1109-1114.

[36] LEUNG H, LO T, WANG S C. Prediction of noisy chaotic time series using an optimal radial basis function neural network[J]. IEEE Transactions on Neural Networks, 2001, 12(5): 1163-1172.

[37] 陈哲, 冯天瑾, 张海燕. 基于小波神经网络的混沌时间序列分析与相空间重构[J]. 计算机研究与发展, 2001, 38(5): 591-596.

[38] GIRARD A, RASMUSSEN C E, QUI J. Gaussian process priors with uncertain inputs application to multiple-step ahead time-series forecasting[C]//Advances in Neural Information Processing Systems. Massachusetts: MIT Press, 2003: 529-536.

[39] JAEGER H, HARALD H. Harnessing nonlinearity: predicting chaotic systems and saving energy in wireless telecommunication[J]. Science, 2004, 308(5667): 78-80.

[40] HAN M, XI J H, XU S G, et al. Prediction of chaotic time series based on the recurrent predictor neural network[J]. IEEE Transactions on Signal Processing, 2004, 52(12): 3409-3416.

[41] GAO Y, ER M J. NARMx time series model prediction: feedforward and recurrent fuzzy neural network approaches[J]. Fuzzy Sets and System. 2005, 150(2): 331-350.

[42] AYDOGAN S. Multifeedback-layer neural network[J]. IEEE Transactions on Neural Networks, 2007, 18(2): 373-384.

[43] SHI Z W, HAN M. Support vector echo-state machine for chaotic time series prediction[J]. IEEE Transactions on Neural Networks, 2007, 18(2): 359-372.

[44] DANIEL G, WITOLD P. Fuzzy prediction architecture using recurrent networks[J]. Neurocomputing, 2009, 72(7-9): 1668-1678.

[45] NOURI A, NIKMEHR H. Hierarchical Bayesian reservoir memory[C]//14th International CSI

Computer Conference. Piscataway: IEEE Press,2009: 582-587.

[46] DYMITR R, BOGDAN G, CHRISTIANCE L. A generic multilevel architecture for time series prediction[J]. IEEE Transactions on Knowledge and Data Engineering, 2011, 23(3): 350-359.

[47] SHEN M, CHEN W N, ZHANG J, et al. Optimal selection of parameters for nonuniform embedding of chaotic time series using ant colony optimization[J]. IEEE Transactionson Cybernetics, 2013, 43(2): 790-802.

[48] ZHANG G, PATUWO B, HU M. Forecasting with artificial neural networks: the state of the art[J]. International Journal of Forecasting, 1998, 14(1): 35-62.

[49] WERBOS P J. Back propagation through time: what it does and how to do it[J]. Proceedings of the IEEE, 1990, 78(10): 1550-1560.

[50] 张军峰, 胡寿松. 基于一种新型聚类算法的 RBF 神经网络混沌时间序列预测[J]. 电子学报, 2007, 56(2): 713-719.

[51] GILES C L, LAWRE S, TSOI A C. Noisy time series prediction using recurrent neural networks and grammatical inference[J]. Machine Learning, 2001, 44(1): 335-356.

[52] 张兴会, 刘玲, 陈增强, 等. 应用 Elman 神经网络的混沌时间序列预测[J]. 华东理工大学学报, 2002, 28(S1): 30-33.

[53] ELMAN J L. Finding structures in time[J]. Cognitive Science, 1990, 14(2), 179-211.

[54] MENEZES J M, BARRELO G A. Long-term time series prediction with the NARX network: an empirical evaluation[J]. Neurocomputing, 2008(71): 3335-3343.

[55] SAPANKEVYCH N I, SANKAR R. Time series prediction using support vector machines: a survey[J]. IEEE Computational Intelligence Magazine, 2009, 4(2): 24-38.

[56] 叶美盈, 汪晓东, 张浩然. 基于在线最小二乘支持向量回归的混沌时间序列预测[J]. 物理学报, 2005, 54(6): 2568-2573.

[57] 张国云, 彭仕玉. 混沌时间序列的最小二乘支持向量机预测[J]. 湖南理工学院学报(自然科学版), 2006, 19(3)2: 6-30.

[58] 赵永平, 张丽艳, 李德才, 等. 过滤窗最小二乘支持向量机的混沌时间序列预测[J]. 物理学报, 2013, 26(12): 113-121.

[59] HOPFIELD J J. Neural networks and physical system with emergent collective computational abilities[C]//Proceedings of The National Academy of Sciences of the United States of America, 1982, 79(8): 2554-2558.

[60] 崔万照, 朱长纯, 保文星, 等. 基于模糊模型支持向量机的混沌时间序列预测[J]. 物理学报, 2005, 54(7): 3009-3017.

[61] BISHOP C M. Neural networks for pattern recognition[M]. Oxford: Clarendon Press, 1995.

[62] AVNIMELECH R, INTRATOR N. Boosting regression estimators[J]. Neural Computation, 1999, 11(2): 499-520.

[63] KIM H C, PANG S, JE H M, et al. Constructing support vector machine ensemble[J]. Pattern Recognition, 2003, 36(12): 2757-2767.

[64] MA J, KRISHNAMURTHY A, AHALT S. SVM training with duplicated samples and its applications in SVM-based ensemble methods[J]. Neurocomputing, 2004, 61(1): 455-459.

[65] DETTLING M. Bag Boosting for tumor classification with gene expression data[J]. Bioinformatics, 2004, 20(18): 3583-3593.

[66] KIM T K, ARANDJELOVIĆ O, CIPOLLA R. Boosted manifold principal angles for image set-based recognition[J]. Pattern Recognition, 2007, 40 (9): 2475-2484.

[67] CAI Y D, FENG K Y, LU W C, et al. Using LogitBoost classifier to predict protein structural classes[J]. Journal of Theoretical Biology, 2006, 238(1): 172-176.

[68] GIACINTO G, PERDISCI R, DELRIO M, et al. Intrusion detection in computer networks by a modular ensemble of one-class classifiers[J]. Information Fusion, 2008, 9(1): 69-82.

[69] 刘克文, 蒲天骄, 周海明, 等. 风电日前发电功率的集成学习预测模型[J]. 中国电机工程学报, 2013, 34(33):130-135.

[70] 徐涛, 杨奇川, 吕宗磊. 一种基于动态集成学习的机场噪声预测模型[J]. 电子与信息学报, 2014, 36(7):1631-1636.

[71] LAU K W, WU Q H. Local prediction of non-linear time series using support vector regression[J]. Science Direct, 2008(41): 1539-1547.

[72] FU Y Y, WU C J, JENG J T, et al. ARFNNs with SVR for prediction of chaotic time series with outliers[J]. Expert Systems with Applications, 2010(37): 4441-4451.

[73] ARASH M, MAJID A. Developing a local least-squares support vector machines-based neuro-fuzzy model for nonlinear and chaotic time series prediction[J]. IEEE Transactionson Neural Networksand Learning Systems, 2013, 24(2): 207-218.

[74] LEWIS D P, JEBARA T, NOBLE W S. Nonstationary kernel combination[C]//The 23rd International Conference on Machine Learning. New York: ACM Press,2006: 553-560.

[75] ONG C S, SMOLA A J, WILLIAMSON R C. Learning the kernel with hyperkernels[J]. The Journal of Machine LearningResearch, 2005, 6(7): 1043-1071.

[76] ALE X, SHENG S O. Multiclass multiple kernel learning[C]// The 24th International Conference on Machine Learning. New York: ACM Press, 2007: 1191-1198.

[77] GÖNEN M, ALPAYDIN E. Localized multiple kernel learning[J]. The 25th International Conference on Machine Learning. New York: ACM Press, 2008: 352-359.

[78] GUSTAVO C V, LUIS G C, JORDI M M, et al. Composite kernels for hyperspectral image classification[J]. IEEE Transactions on Geoscience and Remote Sensing Letters, 2006, 3(1): 93-97.

[79] ZHENG D N, WANG J X, ZHAO Y N. Non-flat function estimation with a multi-scale support vector regression[J]. Neurocomputing, 2006, 70(1-3): 420-429.

[80] DAMOULAS T, GIROLAMI M A. Pattern recognition with a Bayesian kernel combination machine[J]. Pattern Recognition Letters, 2009, 30(1): 46-54.

[81] POZDNOUKHOV A, KANEVSKI M. Multi-scale support vector algorithms for hot spot detection and modeling[J]. Stochastic Environmental Research and Risk Assessment, 2007, 22(5): 647-660.

[82] LI B, ZHENG D N, SUN L F, et al. Exploiting multiscale support vector regression for image compression[J]. Neurocomputing, 2007, 70(16-18): 3068-3074.

[83] OPFER R. Multiscale kernels[J]. Advances in Computational Mathematics, 2006, 25(4): 357-380.

[84] KINGSBURY N, TAY D B H, PALANISWAMI M. Multi-scale kernel methods for classification[C]//The IEEE Workshop on Machine Learning for Signal Processing. Piscataway: IEEE Press, 2005: 43-48.

[85] ZHENG D N, WANG J X, ZHAO Y N. Training sparse MSSVR with an expectation maximization algorithm[J]. Neurocomputing, 2006, 69(13-15): 1659-1664.

[86] PACKARD N H, CRUTCHFIETD J P, FARMER J D, et al. Geometry from a time series[J]. Physical Review Letters, 1980, 45(9): 712-716.

[87] TAKENS F. Detecting strange attractors in turbulence[J]. Lecture Notes in Math, 1981, 898: 361-381.

第3章
基于最小二乘支持向量机动态选择集成混沌时间序列预测方法

🔍 3.1 引言

    混沌是一种自然界广泛存在的现象，混沌动力学系统实质上是一种经典的高维复杂非线性动力系统，只有利用非线性数学模型才能对其进行精确描述。非线性系统虽然本身是确定的，但由于非线性系统内在具有一定的随机性，使系统对于初始值极端敏感，从而导致系统的行为看起来毫无规则，表现出类似随机的混沌现象。这一特点的存在使非线性系统方程即使形式再简洁，其系统表现出的行为也都与随机系统类似。需要说明的是，这种混沌现象与一般随机系统是有区别的，其区别的本质在于，这种类似随机的混沌行为既不是由外界随机因素造成的，也不是受到外界环境噪声源的影响而产生的，而是由非线性系统内部非线性作用的机制产生的。虽然混沌现象是由非线性系统产生的，但是并非全部的非线性系统都能产生混沌现象。一般来说，能产生混沌现象的非线性系统应具备以下几点特征。1）系统内在具有随机性。这种随机与以往的外在随机不同，它是由确定的系统方程描述且不受外界因素干扰而表现出来的一种随机行为。2）混沌具有一定的分形特征。出现混沌现象的非线性系统的各种参数会表现出一定的分形特征，其所呈现的各种奇异吸引子也具有分形结构，且分形图具有不规则性和自相似性。3）能产生混沌的非线性系统对初始值具有强烈的敏感依赖性。只要初始条件发生微小的变化，其系统所演变的最终状态就会发生巨大差异。由这一特点可知混沌系统的演变行为具有长期不可预测性。4）一般的混沌非线性系统都具有正的Lyapunov指数。由于混沌系统对初始值十分敏感，因此它的轨道随着时间推移呈现指数分离的特征,而 Lyapunov 指数能够定量描述两个相邻轨道呈指数发散的特征。若 Lyapunov 指数为正,则表明轨道具有发散特征,呈现混沌现象。如果 Lyapunov 指数为负,则系统表现为稳定状态,最终会收敛于某个不动点或出现周期解。5)存在奇异吸引子。任何一个耗散系统的运动最终都会趋向维度比原始相空间更低的极限集合——简单吸引子,并在其上呈现定常状态。奇异吸引子与简单吸引子不同的是,它的出现是由运动轨道的不稳定性导致的,由于系统对初值的敏感性,轨迹最终会向各个方向呈指数分离,经过无限次的折叠拉伸后,出现一个体积为零、面积无限大的几何结构——奇异吸引子。也正是由于奇异吸引子的折叠与拉伸,才使混沌系统具有了短期预测性。

当今社会,混沌现象无处不在,学者们几乎都能在各自的领域中找到混沌现象。就实际观测而言,描述出混沌系统随时间变化的所有状态量是不现实的,只能得到其中一个状态变量——系统实际的输出,即混沌时间序列,用来表示在该系统中状态变量随时间变化的过程。因此,如何通过实际观察得到的序列找出产生该序列的非线性动力学系统的特点,一直是从事时间序列分析学者们长期关注的课题。根据 Takens 时延–嵌入定理可知,原有混沌动力学系统的内在动态特征以及奇异吸引子能够通过一组单变量时间序列输出得以重构。因此,混沌时间序列的建模、单步及多步预测逐渐成为混沌系统领域重要的研究热点[1-8]。近年来,国内外学者利用各种复杂非线性方法,如径向神经网络、高斯过程、递归神经网络、支持向量回归等,对混沌时间序列进行建模和预测,并已取得较好的研究成果。

上述方法都是对已知样本进行学习,使其在样本间产生某种规则,然后利用学习到的规则对新的样本进行判断,从而表现出类似人类的学习能力。然而,经过几十年的研究发现,同一种方法在不同参数设置或不同训练样本学习下得到的规则大相径庭。那么能否将这些不同规则的学习机加以集成来提高对新样本判断的准确率呢?近年来,集成算法的出现为解决该问题带来了新的启示。集成算法是一种把一些比较弱的分类方法组合在一起成为新的更强分类方法的手段,它通过构造彼此不同的基本分类器并采用组合投票机制对未知样本进行学习。基于此思想,本章将利用集成算法提高基于最小二乘支持向量机(Least Square Support Vector Machine, LS-SVM)的混沌预测算法的预测精度。

🔍 3.2　支持向量回归机算法

支持向量机算法是针对经典的二分类问题提出的,而 SVR 算法则是支持向量机算法在函数回归领域中的应用。SVR 与 SVM 分类算法的不同之处在于:SVR

回归训练需要的样本点只有一类，寻求最优超平面的目的不是使两类样本点分得"最开"，而是使所有样本点距离超平面的"总偏差"最小，这时样本点都在两条边界线之间，求解最优回归超平面也就等价于求解最大间隔。

3.2.1 SVR 基本模型

对于线性情况，支持向量回归机函数的拟合首先考虑用线性回归函数 $f(x)=\omega x+b$ 来拟合 (x_i,y_i)，其中，$i=1,2,\cdots,n$，$x_i \in R^n$ 为输入量，$y_i \in R$ 为输出量，即需要确定 ω 和 b。SVR 结构如图 3-1(a)所示。

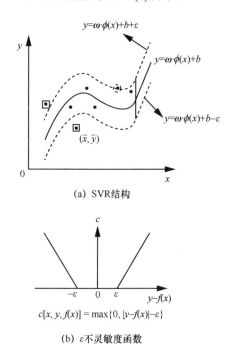

(a) SVR结构

$$c[x, y, f(x)] = \max\{0, |y-f(x)|-\varepsilon\}$$

(b) ε 不灵敏度函数

图 3-1　SVR 结构与 ε 不灵敏度函数

损失函数是 SVR 模型在学习过程对其产生误差的一种度量，一般在 SVR 模型学习前已经选定，不同的学习问题所选择的损失函数一般也不同，同一学习问题选取不同损失函数得到的模型也不同。

标准支持向量机采用 ε 不灵敏度函数，即假设所有训练样本在精度 ε 下用线性函数拟合，如图 3-1(b)所示。

$$\begin{cases} y_i - f(x_i) \leqslant \varepsilon + \xi_i \\ f(x_i) - y_i \leqslant \varepsilon + \xi_i^* \end{cases} \tag{3-1}$$

其中，$i=1,2,\cdots,n$；ξ_i,ξ_i^* 为松弛因子，当回归出现误差时，ξ_i,ξ_i^* 都大于 0，

不存在误差时则 $\xi_i, \xi^* = 0$。这时，式（3-1）问题就可转化为求优化目标函数最小化问题。

$$R(\boldsymbol{\omega}, \xi, \xi^*) = \frac{1}{2} \boldsymbol{\omega} \cdot \boldsymbol{\omega} + C \sum_{i=1}^{n} (\xi_i + \xi_i^*) \tag{3-2}$$

其中，第一项的目的是使拟合函数更加平坦，从而提高泛化能力；第二项则是为了减小误差，惩罚常数 $C > 0$ 表示对误差超过 ε 的训练样本的惩罚程度。由式（3-1）和式（3-2）可看出，是一个凸二次优化问题，所以引入 Lagrange 函数，如式（3-3）所示。

$$L = \frac{1}{2} \boldsymbol{\omega} \cdot \boldsymbol{\omega} + C \sum_{i=1}^{n} (\xi_i + \xi_i^*) - \sum_{i=1}^{n} \alpha_i [\xi_i + \varepsilon - y_i + f(x_i)] -$$
$$\sum_{i=1}^{n} \alpha_i^* [\xi_i^* + \varepsilon - y_i + f(x_i)] - \sum_{i=1}^{n} (\xi_i \gamma_i + \xi_i^* \gamma_i^*) \tag{3-3}$$

其中，$\alpha, \alpha_i^* \geqslant 0, \gamma_i, \gamma_i^* \geqslant 0$，$i = 1, 2, \cdots, n$。令函数 L 对 ω，b，ξ_i, ξ_i^* 进行最小化，对 α_i，α_i^*，γ_i，γ_i^* 进行最大化，代入 Lagrange 函数得到对偶形式，对函数进行最大化如式（3-4）所示。

$$W(\alpha, \alpha^*) = \frac{1}{2} \sum_{i=1,j=1}^{n} (\alpha_i - \alpha_i^*)(\alpha_i - \alpha_j^*) x_i \cdot x_j + \sum_{i=1}^{n} (\alpha_i - \alpha_i^*) y_i - \sum_{i=1}^{n} (\alpha_i + \alpha_i^*) \varepsilon \tag{3-4}$$

其约束条件为

$$\begin{cases} \sum_{i=1}^{n} (\alpha_i - \alpha_i^*) = 0 \\ 0 \leqslant \alpha_i, \alpha_i^* \leqslant C \end{cases} \tag{3-5}$$

式（3-4）同样是二次规划问题，由 Kuhn-Tucker 定理可得，在鞍点处有

$$\begin{aligned} &\alpha_i [\varepsilon + \xi_i - y_i + f(x_i)] = 0 \\ &\alpha_i^* [\varepsilon + \xi_i^* + y_i - f(x_i)] = 0 \\ &\xi_i \gamma_i = 0 \\ &\xi_i^* \gamma_i^* = 0 \end{aligned} \tag{3-6}$$

得出 $\alpha_i \alpha_i^* = 0$，表明 α_i、α_i^* 同时为零，还可以得出

$$\begin{aligned} &(C - \alpha_i) \xi_i = 0 \\ &(C - \alpha_i^*) \xi_i^* = 0 \end{aligned} \tag{3-7}$$

由式（3-7）可得，当 $\alpha_i = C$，$\alpha_i^* = C$ 时，$|f(x_i) - y_i|$ 可能大于 ε，与其对应的 x_i 样本称为边界支持向量（Boundary Support Vector, BSV），对应图 3-1(a)中虚线带以外的点；当 $\alpha_i^* \in (0, C)$，$\alpha_i = 0$ 时，$\xi_i^* = 0$，$\xi_i = 0$，则由式（3-6）可知 $|f(x_i) - y_i| = \varepsilon$，即 $\xi_i = 0$，$\xi_i^* = 0$，与其对应的 x_i 称为标准支持向量（Normal Support Vector, NSV），对应图 3-1(a)中落在 ε 管道上的数据点；当 $\alpha_i = 0$，$\alpha_i^* = 0$ 时，与其对应的 x_i 为非支持向量，对应图 3-1(a)中 ε 管道（虚线）内的点，它们对 ω 没有贡献。因此 ε 越大，支持向量数越少。对于标准支持向量，当 $\alpha_i \in (0, C)$，$\alpha_i^* = 0$ 时，$\xi_i = 0$，由式（3-8）可以求出参数 b。

$$b = y_i - \sum_{x_j \in \text{SV}} (\alpha_j - \alpha_j^*) x_j \cdot x_i - \varepsilon \tag{3-8}$$

同样，对于满足 $\alpha_i^* \in (0, C)$，$\alpha_i = 0$ 时的标准支持向量，有

$$b = y_i - \sum_{x_j \in \text{SV}} (\alpha_j - \alpha_j^*) x_j \cdot x_i - \varepsilon \tag{3-9}$$

对所有标准支持向量分别计算 b 的值，然后求平均值，即

$$b = \frac{1}{N_{\text{NSV}}} \left\{ \sum_{0 < \alpha_i < C} \left[y_i - \sum_{x_j \in \text{SV}} (\alpha_j - \alpha_j^*) K(x_j, x_i) - \varepsilon \right] + \sum_{0 < \alpha_j^* < C} \left[y_i - \sum_{x_j \in \text{SV}} (\alpha_j - \alpha_j^*) K(x_j, x_i) - \varepsilon \right] \right\} \tag{3-10}$$

因此，根据样本点 (x_i, y_j) 求得的线性拟合函数为

$$f(x) = \omega x + b = \sum_{i=1}^{n} (\alpha_i - \alpha_i^*) x_i \cdot x + b \tag{3-11}$$

非线性 SVR 的基本思想是通过事先确定的非线性映射将输入向量映射到一个高维特征空间（Hilbert 空间）中，然后在此高维空间中进行线性回归，从而取得在原空间非线性回归的效果。首先，将输入量 x 通过 $\Phi : R^n \to H$ 映射到高维特征空间 H 中，用函数 $f(x) = \omega \cdot \phi(x) + b$ 拟合数据 (x_i, y_j)，$i = 1, 2, \cdots, n$。则二次规划目标函数式（3-4）变为

$$W(\alpha, \alpha^*) = -\frac{1}{2} \sum_{i=1, j=1}^{n} (\alpha_i - \alpha_i^*)(\alpha_j - \alpha_j^*) \Phi(x_i) \cdot \Phi(x_j) + \sum_{i=1}^{n} (\alpha_i - \alpha_i^*) y_i - \sum_{i=1}^{n} (\alpha_i + \alpha_i^*) \varepsilon \tag{3-12}$$

式（3-12）中涉及在高维特征空间进行点积运算 $\boldsymbol{\Phi}(x_i)\cdot\boldsymbol{\Phi}(x_j)$，而函数 $\boldsymbol{\Phi}$ 却是未知的。幸运的是，支持向量机理论会将高维特征空间的点积运算利用核矩阵代替，即 $\boldsymbol{K}(x_i,x_j)=\boldsymbol{\Phi}(x_i)\cdot\boldsymbol{\Phi}(x_j)$，而不是直接使用函数 $\boldsymbol{\Phi}$。核函数的类型有多种，常用的核函数有高斯核，如式（3-13）所示。

$$k(x_i,x_j)=\exp\left(-\frac{\left\|x_i-x_j\right\|^2}{2\sigma^2}\right) \tag{3-13}$$

因此，式（3-12）变为

$$W(\alpha,\alpha^*)=-\frac{1}{2}\sum_{i=1,j=1}^{n}(\alpha_i-\alpha_i^*)(\alpha_j-\alpha_j^*)\boldsymbol{K}(x_i,x_j)+$$

$$\sum_{i=1}^{n}(\alpha_i-\alpha_i^*)y_i-\sum_{i=1}^{n}(\alpha_i+\alpha_i^*)\varepsilon \tag{3-14}$$

可求得非线性拟合函数的表示式为

$$f(x)=\boldsymbol{\omega}\boldsymbol{\Phi}(x)+b=\sum_{i=1}^{n}(\alpha_i-\alpha_i^*)\boldsymbol{K}(x,x_i)+b \tag{3-15}$$

3.2.2　最小二乘支持向量机模型

LS-SVM 与标准 SVM 相比，其优化指标采用了平方项，将式中的不等式约束转化成等式约束，将二次规划问题转化成为线性方程组的求解问题，降低了算法复杂度，运算速度及收敛速度更快。其优化目标为

$$\min_{\omega,b,\xi}\quad\frac{1}{2}\|\boldsymbol{\omega}\|^2+\frac{1}{2}\gamma\sum_{i=1}^{l}\xi_i^2 \tag{3-16}$$
$$\text{s.t.}\quad y_i=\boldsymbol{\omega}\phi(x_i)+b+\xi_i$$

其中，γ 为惩罚因子，ξ_i 为训练误差，$i=1,2,\cdots,l$。为了求解该优化问题，需要引入 Lagrange 函数。

$$L(\boldsymbol{\omega},b,\xi,\alpha)=J(\boldsymbol{\omega},b,\xi)+\sum_{i=1}^{l}\alpha_i[y_i-\xi_i-\boldsymbol{\omega}^{\mathrm{T}}\phi(x_i)-b]$$

其中，α_i（$i=1,2,\cdots,l$）为 Lagrange 乘子，由 KKT 条件可推出如下关系式。

$$\frac{\partial L}{\partial\boldsymbol{\omega}}=0\rightarrow\boldsymbol{\omega}=\sum_{i=1}^{l}\alpha_i\phi(x_i)$$

$$\frac{\partial L}{\partial \alpha_i} = 0 \rightarrow y_i - \xi_i - \boldsymbol{\omega}^{\mathrm{T}} \phi(x_i) - b = 0$$

$$\frac{\partial L}{\partial b} = 0 \rightarrow \sum_{i=1}^{l} \alpha_i = 0$$

$$\frac{\partial L}{\partial \xi_i} = 0 \rightarrow \alpha_i = \gamma \xi_i$$

对上述等式求解可转化为

$$\begin{bmatrix} 0 & \boldsymbol{e}^{\mathrm{T}} \\ \boldsymbol{e} & \boldsymbol{Q}^{-1} + C^{-1}\boldsymbol{I} \end{bmatrix} \times \begin{bmatrix} b \\ \boldsymbol{\alpha} \end{bmatrix} = \begin{bmatrix} 0 \\ \boldsymbol{y} \end{bmatrix}$$

其中，$\boldsymbol{Q}$ 是 $l \times l$ 阶的核矩阵，其元素 $\boldsymbol{K}(x_i, x_j) = <\varphi(x_i), \varphi(x_j)>$，$\boldsymbol{I}$ 为单位阵，C 为惩罚常数，单位向量 $\boldsymbol{e} = [1, 1, \cdots, 1]^{\mathrm{T}}$，向量 $\boldsymbol{\alpha} = [\alpha_1, \alpha_2, \cdots, \alpha_l]^{\mathrm{T}}$，向量 $\boldsymbol{y} = [y_1, y_2, \cdots, y_l]^{\mathrm{T}}$。

设 $Q_l = Q + \dfrac{I}{C}$，这样就可以得到 $\boldsymbol{\alpha}$ 和 b 的表达式为

$$\boldsymbol{\alpha} = \boldsymbol{Q}_l^{-1}(\boldsymbol{y} - \boldsymbol{e}b) \quad b = \frac{\boldsymbol{e}^{\mathrm{T}} \boldsymbol{Q}_l^{-1} \boldsymbol{y}}{\boldsymbol{e}^{\mathrm{T}} \boldsymbol{Q}_l^{-1} \boldsymbol{e}}$$

通过计算上式即可得到 LS-SVM 的决策模型为

$$f(x) = \sum_{i=1}^{l} \alpha_i \boldsymbol{K}(x_i, x) + b$$

LS-SVM 与标准 SVM 相比少了一个调整参数，减少了 l 个优化变量，从而简化了计算复杂性。

3.3 集成学习的基本框架

3.3.1 集成学习的基本原理

集成学习是机器学习中一个非常重要且热门的分支，是用多个弱分类器构成一个强分类器。一般的弱分类器可以由决策树、神经网络、贝叶斯分类器、K-近邻等构成。为了说明集成算法能有效提高原有算法的性能，可以一个单一的神经网络逼近一个 sin 函数为例。图 3-2 为一个神经网络的无偏差估计学习机为 sin 2

的估计产生的错误分布。将一部分测试样本输入神经网络中进行训练，这些测试
样本在$[-\pi,\pi]$的取值区间内随机均匀产生，同时加入一些噪声。接下来，考虑一
个测试样本 2，利用学习后的神经网络估算一个输出值 sin 2，其函数的真实取值
为 0.909。神经网络可能会由于输入训练样本的不同以及随机初始化网络权重的不
同出现过估计或欠估计现象，而这种错误的分布特征又与输入样本以及权重有关。
假设神经网络输出产生错误分布的均值为 $E_{TW}\{f\}$，其中，f 是神经网络的输出，T
是一个与输入样本有关的随机变量，W 代表与网络权重有关的随机量。通过每次
改变不同的网络权重，产生多个不同的 $f(2)$ 输出结果。

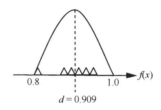

图 3-2　无偏差估计学习机对 sin 2 的估计

　　图 3-2 中，6 个三角形代表不同权重的神经网络学习机对 sin 2 函数的估计，
即不同的输出 $f(2)$，对这些学习机的输出进行平均后得到 $E(f) \approx 0.909$。这说明
集成学习算法的本质就是通过改变 T、W 产生不同的基本学习机，这些学习机从
统计意义上讲就是两个随机变量空间的具体实例。将这些学习机的每一个输出
$f(2)$ 平均后就可以更加逼近真实值 sin 2。当然，人们不可能遍历出所有的基本学
习机，只能通过对有限个学习机采样进行平均，因此，需要对每一个学习机进行
加权平均，使其更加接近真实的平均值。上述是集成算法能够提升单一分类器性
能的例子，接下来给出理论上的证明。

　　以回归问题为例，由于回归问题多以输出结果的平方差为评价标准，因此假设
集成分类器的输出为 f_{ens}，它是由多个基本学习机加权平均组成，如式（3-17）所示。

$$f_{\text{ens}} = \sum_i w_i f_i$$
$$\sum_i w_i = 1 \tag{3-17}$$

则每一个学习机的错误的加权平均为

$$\sum_i w_i (f_i - d)^2 = \sum_i w_i (f_i - f_{\text{ens}} + f_{\text{ens}} - d)^2 =$$
$$\sum_i w_i [(f_i - f_{\text{ens}})^2 + (f_{\text{ens}} - d)^2 + 2(f_i - f_{\text{ens}})(f_{\text{ens}} - d)] =$$
$$\sum_i w_i (f_i - f_{\text{ens}})^2 + (f_{\text{ens}} - d)^2 \tag{3-18}$$

$$(f_{ens} - d)^2 = \sum_i w_i (f_i - d)^2 - \sum_i w_i (f_i - f_{ens})^2 \tag{3-19}$$

可以看出，集成学习机的学习错误要低于或等于基本学习机的加权平均错误。从式（3-19）中还可以看出，对于一个给定的样本，一个基本学习机的估计错误可能会低于集成学习机的错误。然而，由于无法判断到底哪一个学习机的泛化性能最优，只能随机选择基本学习机。从式（3-19）等号右侧的第一项基本学习机性能的加权平均值可以看出，一个集成学习机的估计性能取决于每一个基本学习机的性能。基本学习机对给定样本的估计性能越好，则集成学习机的性能越强。从式（3-19）等号右侧的第二项也就是基本学习机之间的差异项可知，基本学习机之间的差异性越大，则集成学习机的性能越强。然而，如果过分强调差异性，会导致基本学习机的性能下降，因此要提升集成学习机的估计性能，就需要在基本学习机精度与差异性之间进行权衡。

3.3.2　集成学习机的分类

从上面的分析可知，集成学习机是由多个不同的基本学习机构成的，这些基本学习机都是随机变量 T、W 的具体实现。即只要改变训练样本和参数，就可以产生出不同的基本学习机个体。因此，集成学习机可以按照这两种方法进行划分。改变训练样本集的方法有两种算法最普遍：Bagging 算法和 Boosting 算法。Bagging 算法通过重新选取训练集，增加了神经网络集成的差异度，从而提高了泛化能力，其原理主要是基于 bootstrap 的训练样本集产生方法。各神经网络的训练集是从原始训练集中随机选取若干示例组成，训练集的规模通常与原始训练集相当，训练样本允许重复选取。这样，原始训练集中某些样本可能在新的训练集中出现多次，另外一些样本则可能一次也不出现。Bagging 算法通过利用这些采样后的训练样本对学习机进行训练，得到不同的基本学习机个体，然后根据不同基本学习机的输出结果进行投票决策，如图 3-3 所示。根据概率分解计算可知，对于每一次的采样样本集合，每一个样本按相同概率采样可得概率表达式，如式（3-20）所示。

$$1 - \left(1 - \frac{1}{m}\right)^m \tag{3-20}$$

当 m 较大时，$1 - \dfrac{1}{e} = 63.2\%$，也就是说有约 63.2%的概率得到独一无二的样本，其余的都是重复样本。Bagging 算法就是通过这种方式产生扰动训练得到不同的学习机个体。由于 Bagging 算法每次采样都不依赖上一次的基本学习机的训练结果，因此它是一个并行且独立的集成训练算法。

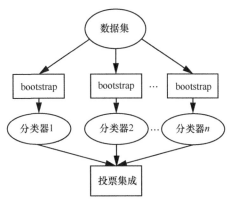

图 3-3　Bagging 算法框图

　　不难发现，Bagging 所产生的训练集合可能只是微小变化，因此，学者 Breiman 指出，稳定性是 Bagging 能否发挥作用的关键因素。Bagging 能提高不稳定学习算法的预测精度，但是对稳定的学习算法效果不明显，有时甚至导致预测精度降低。学习算法的稳定性是指如果训练集有较小的变化，学习结果不会发生较大变化，例如，K-近邻方法是稳定的，而判定树、神经网络等方法是不稳定的。

　　另一种方法就是 Boosting 算法。Boosting 最早由 Schapire[9]提出，Freund[10]对其进行了改进。通过这种方法可以产生一系列学习机，各学习机的训练集决定于在其之前的学习机的表现，被已有网络错误判断的样本将以较大的概率出现在新学习机的训练集中。这样，新学习机将能够很好地处理对已有学习机来说很困难的样本。另一方面，虽然 Boosting 方法能够增强集成学习机的泛化能力，但是也有可能使集成过分偏向于某几个特别困难的样本。因此，该方法不太稳定，有时能起到很好的作用，有时却没有效果[9]。值得注意的是，Schapire 和 Freund 的算法在解决实际问题时有一个重大缺陷，就是它们都要求提前确定弱学习算法学习正确率的下限，这在实际问题中很难做到。1995 年，Freund 和 Schapire[11]提出了 AdaBoost(Adaptive Boost)算法，该算法的效率与 Freund[10]提出的算法很接近，却可以非常容易地应用到实际问题中，因此，该算法已成为目前最流行的 Boosting 算法。

　　AdaBoost 算法是一个以对训练样本进行重新加权的方式产生不同的样本分布，并对基本学习机进行训练的集成算法，它的中心思想就是集中判别上次学习机判决出错的样本，其采样原理如图 3-4 所示。开始时，对每一个样本给定固定的权重，一般采用均匀分布，每次循环后，产生一个新的学习机；然后重新对训练样本进行加权，使下一个参与训练的学习机集中在上次最近的学习机判别出错的训练样本上，即对出错的样本施加更大的权重，对易分类样本减少权重；最后利用加权投票集成方法实现决策判别。

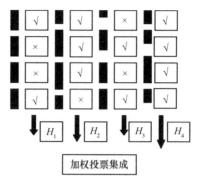

图 3-4　AdaBoost 样本采样原理

AdaBoost 算法具体的流程如下。

输入　$(x_1,y_1),(x_2,y_2),\cdots,(x_m,y_m),x_i \in X,y_i \in \{-1,1\}$

初始化　$D_1(i)=\dfrac{1}{m}$；

步骤 1　利用 D_t 训练一个弱分类器，$t=1,2,\cdots,T$；

步骤 2　得到一个分类器假设 $h_t:X \to \{-1,1\}$，其错误为 $\varepsilon_t = \sum\limits_{i:h_{t(x_i)}\neq y_i} D_t(x_i)$；

步骤 3　选择 $\alpha_t = \dfrac{1}{2}\ln\left(\dfrac{1-\varepsilon_t}{\varepsilon_t}\right)$；

步骤 4　更新 $D_{t+1}=\dfrac{D_t(i)}{Z_t} \times \begin{cases} \mathrm{e}^{-\alpha_t}, \text{实例} i \text{被正确分类} \\ \mathrm{e}^{\alpha_t}, \text{实例} i \text{没有被正确分类} \end{cases}$

其中，Z_t 是标准化因子，$\sum\limits_{i=1}^{m}D_{t+1}(i)=1$；

步骤 5　输出最后的假设 $H(x)=\mathrm{sign}\left(\sum\limits_{t=1}^{T}\alpha_t h_t(x)\right)$。

可以看出，该算法的中心思想就是增加（减少）被错误（正确）分类的样本的权重。算法框图如图 3-5 所示。

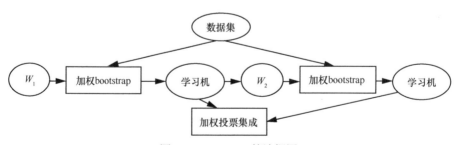

图 3-5　AdaBoost 算法框图

理论证明如下。

AdaBoost 的分布更新公式展开如式（3-21）所示。

$$D_{T+1}(i) = \frac{D_t(i)\exp(-\alpha_t y_i h_t(x_i))}{Z_t} = \frac{\exp\left(-\sum\limits_t \alpha_t y_i h_t(x_i)\right)}{m\prod\limits_t Z_t} = \frac{\exp(-y_i f(x_i))}{m\prod\limits_t Z_t} \quad (3\text{-}21)$$

如果 $H(x_i) \neq y_i$，那么 $y_i f(x_i) \leqslant 0$ 意味着 $\exp(-y_i f(x_i)) > 1$，则

$$\left|H(x_i) \neq y_i\right| \leqslant \exp(-y_i f(x_i))$$

$$\frac{1}{m}\sum_i |H(x_i) \neq y_i| \leqslant \frac{1}{m}\sum_i \exp(-y_i f(x_i)) = \sum_i \left(\prod_t Z_t\right) D_{T+1}(i) = \prod_t Z_t \quad (3\text{-}22)$$

最小化训练错误可以通过将它的上限最小化来实现，这可以通过在每次循环时最小化 Z_t 实现，而最小化 Z_t 可以通过选择优化的 h_t 和 α_t 实现。

$$Z_t = \sum_i D_t(i)\exp(-\alpha_t y_i h_t(x_i)) \quad (3\text{-}23)$$

$$\frac{\mathrm{d}Z_t}{\mathrm{d}\alpha_t} = -\sum_{i=1}^m D(i) y_i h(x_i) \mathrm{e}^{-y_i \alpha_i h(x_i)} = 0$$

$$-\sum_{i:y_i=h(x_i)} D(i)\mathrm{e}^{-\alpha_t} + \sum_{i:y_i \neq h(x_i)} D(i)\mathrm{e}^{\alpha_t} = 0 \quad (3\text{-}24)$$

$$-\mathrm{e}^{-\alpha_t}(1-\varepsilon_t) + \mathrm{e}^{\alpha_t}\varepsilon_t = 0$$

$$\alpha_t = \frac{1}{2}\ln\left(\frac{1-\varepsilon_t}{\varepsilon_t}\right)$$

将 α_t 代入式（3-23）中，可以得到 $Z_t = 2\sqrt{\varepsilon_t(1-\varepsilon_t)}$。最小化 Z_t 只要选择具有最小加权错误 ε_t 的 h_t 即可。

通过上述证明可知，最终集成假设 H 的训练错误的上限为

$$\frac{1}{m}\left|\{i : H(x_i) \neq y_i\}\right| \leqslant \prod_{t=1}^T Z_t \quad (3\text{-}25)$$

Breiman 指出，Bagging 算法与 Boosting 算法的区别在于以下三方面。1）Bagging 算法中训练集的选择是随机的，每轮训练集之间相互独立；而 Boosting 算法中训练集的选择不是独立的，每轮训练集的选择与前面各轮的学习结果有关。2）Bagging 算法的各个预测函数没有权重，而 Boosting 算法的预测函数是有权重的。3）Bagging 算法的各个预测函数可以并行生成，而 Boosting 算法的各个预测函数只能顺序生

成。对于神经网络这样极为耗时的学习方法，Bagging 算法可通过并行训练节省大量时间开销。

另一种集成学习机的生成方法是改变基本学习算法的参数设置，如神经网络的权重、隐层个数，以及 SVM 算法中的不同核函数以及核函数的参数等。这些方法的目的都是生成不同的基本学习机个体，使它们之间的差异性增大，进而提高集成算法的性能。

$\mathcal{Q}$ 3.4 回归集成算法

3.4.1 回归集成学习

3.3 节介绍的集成算法多应用于分类问题，并取得了良好的效果。要将 AdaBoost 算法应用到回归问题中，需要对其进行适当的改进。其中，最重要的就是损失函数的确定问题，这是由于分类问题中有正确和错误之分，而在回归问题中只能通过预测错误来衡量。Freund 和 Schapire 在 1997 年扩展了 AdaBoost.M2 算法来提升回归问题，并称之为 AdaBoost.R。它可以把回归问题归结为多类问题解决。尽管实验证明 AdaBoost.R 算法把回归数据进行分类的方法是有效的，但它依然存在两个缺点。首先，它把每一个回归采样中的样本扩展为许多类的样本，这就造成了提升的迭代次数几乎呈线性增长。其次，损失函数每次迭代都发生变化，甚至在同一次迭代中的样本损失函数都可能不同。为此，Drucker 对 AdaBoost.R 算法进行了修改，并提出了 AdaBoost.R2 算法，将其应用于回归问题的实验，结果令人满意，其算法流程如下。

1）输入部分

M 样本的序列 $(x_1, y_1), (x_2, y_2), \cdots, (x_m, y_m)$，$y \in R$；

弱回归学习机；

迭代次数 T。

2）初始化

机器数或迭代次数 $t = 1$；

对所有的 i 分布 $D(i) = \dfrac{1}{m}$；

平均损失函数 $\overline{L_t} = 0$。

3）$t \leqslant T$ 时以及 $\overline{L_t} < 0.5$ 时进行迭代

给弱回归学习机提供分布 D_t；

建立一个回归模型 $f_t(x) \to y$；

对每一个训练样本计算相对误差的绝对值 $l_t(i) = |f_t(x_i) - y_i|$；

计算以下损失函数，

线性函数 $L_t(i) = \dfrac{l_t(i)}{\text{Denom}_t}$ ，

平方 $L_t(i) = \left[\dfrac{l_t(i)}{\text{Denom}_t}\right]^2$ ，

指数函数 $L_t(i) = 1 - \exp\left[-\dfrac{l_t(i)}{\text{Denom}_t}\right]$ ，

其中，$\text{Denom}_t = \max\limits_{i=1,2,\cdots,m}(l_t(i))$ ；

计算平方损失函数 $\overline{L_t} = \sum\limits_{i=1}^{m} L_t(i)D_t(i)$ ；

设置 $\beta_t = \dfrac{\overline{L_t}}{1 - \overline{L_t}}$ ，

更新样本权重分布 D_t ，　$D_{t+1}(i) = \dfrac{D_t(i)\beta_t^{(1-L_t(i))}}{Z_t}$ ，

其中，Z_t 是标准化因子，$\sum\limits_{i=1}^{m} D_{t+1}(i) = 1$ 。

4）设置 $t = t+1$ 。

5）给出最终假设

$$f_{\text{fin}}(x) = \inf\left(y \in Y, \frac{\sum\limits_{f_t(x) \leqslant y} \sum\limits_{t} \left(\text{lb}\,\dfrac{1}{\beta_t}\right) f_t(x)}{\dfrac{1}{2}\sum\limits_{t}\left(\text{lb}\,\dfrac{1}{\beta_t}\right)}\right) \tag{3-26}$$

AdaBoost.R2 算法和 AdaBoost.R 算法的精髓相同，都是重复地利用回归算法作为弱学习机，通过增加错误预测样本的权重，以降低正确预测样本的权重来生成不同的基本回归学习机。类似于分类的错误率，该算法引入了平均损失函数，利用平均损失函数来估量回归学习机的性能。平均损失函数如式（3-27）所示。

$$\overline{L_t} = \sum_{i=1}^{m} L_t(i)D_t(i) \tag{3-27}$$

其中，L_t 是 3 个候选范围为[0,1]的损失函数中的一个。

β_t 的定义依旧保持不变，但是不同于在 AdaBoost.R 中对回归数据的分类，重新加权的过程是以如下方式完成的。对于错误预测样本给予更高的权重，同时降低正确预测样本的权重。

$$D_{t+1}(i) = \frac{D_t(i)\beta_t^{(1-L_t(i))}}{Z_t} \tag{3-28}$$

其中，m 为测试样本总数，errCount 为错误预测的计数。利用这种方法，所有的权重都可以通过 β_t 的指数损失函数来校正，这样预测差异小（即错误率小）的样本的权重就可大大减小，从而降低这个样本在下一个学习机被重新拾起的概率，最后把每个学习机的输出以权重的中值形式相结合。AdaBoost.R2 算法也有缺点，就是它不能操作错误率大于 0.5 的弱学习机。此外，由于重新加权的计算式与各自的预测错误成比例关系，使它对于噪声和极端值非常敏感。AdaBoost.R2 算法的优点是，它不需要事先设置任何一个参数。

Feely 于 2000 年提出的大误差（Big Error Monitor, BEM）提升方法与 AdaBoost.R2 方法非常类似。它是基于 Avnimelech 和 Intrator 在 1999 年提出的方法发展而来的。与他们的方法类似，通过比较预测误差与预先设定的阈值 BEM，相应的样本被划分为正确预测或错误预测。但是，BEM 提升方法是通过比较预期误差和预先设定的 BEM 对正确预测和错误预测计数，如果预测误差的绝对值比 BEM 大就认为这个预测是不正确的。对正确预测和错误预测的计数可以使用 Upfactor 函数和 Downfactor 函数来计算训练样本的分布，如式（3-29）所示。

$$\text{Upfactor}_t = \frac{m}{\text{errCount}_t}, \quad \text{Downfactor}_t = \frac{1}{\text{Upfactor}_t} \tag{3-29}$$

其中，m 为测试样本总数，errCount$_t$ 为错误预测的计数。利用这些值，从整体上讲就能够计算每一个训练样本在后面学习机中的分布。所以，如果某个样本在之前的机器中被正确预测，在接下来的机器中这个样本的分布就是其在训练样本里的分布乘以 Downfactor 函数。类似地，对于被预测错的样本在后面学习机出现的分布是现在的分布乘以 Upfactor 函数，最后把单个机器的输出结合在一起形成总输出。

与 Avnimelech 和 Intrator 在 1999 年提出的方法类似，BEM 提升方法需要调整 BEM 值以达到最佳的结果。此外，这种方法也存在一个问题，就是目标值的变异性非常高时不能使用绝对误差测量。

3.4.2　自适应动态选择集成回归算法

分析上述两种方法的不足发现，由于回归问题损失函数的定义与分类问题不同，有时错误率大于 0.5 的学习机同样能有效提升算法的性能，这也是集成算法能有效提升弱学习机的本质原因。另外，由于目标值的差异性不同可能会导致集成算法很快收敛，以及不满足 $\overline{L_t} < 0.5$ 的循环条件，因此，得到的基本学习机很少，无法满足后续集成决策的要求。本章在分析目前算法问题的基础上提出一种自适应动态选择集成回归算法（Self-Adaptive Selection Boost, SASBoost），该算法解决了收敛速度过快和错误率大于 0.5 时学习机不能有效应用的问题，随后实验证明了算法的有效性。

算法流程如下。

1）输入部分

M 样本的序列 $(x_1, y_1), (x_2, y_2), \cdots, (x_m, y_m)$，$\quad y \in R$；

弱回归学习机；

迭代次数 T。

2）初始化

机器数或迭代次数 $t = 1$；

对所有的 i 分布 $D(i) = \dfrac{1}{m}$；

平均损失函数 $\overline{L_t} = 0$。

3）$t \leqslant T$ 时进行迭代

给弱回归学习机提供分布 D_t；

建立一个回归模型 $f_t(x) \to y$；

对每一个训练样本计算误差的绝对值 $l_t(i) = |f_t(x_i) - y_i|$，并记录每个基本学习机对不同样本的绝对误差值，以备后续选择基本学习机参考；

利用平方规则 $L_t(i) = \left[\dfrac{l_t(i)}{\text{Denom}_t} \right]^2$ 计算损失函数；

计算平方损失函数 $\overline{L_t} = \sum\limits_{i=1}^{m} L_t(i) D_t(i)$；

设置 $\beta_t = \overline{L_t}^2$；

更新样本权重分布 D_t，$D_{t+1}(i) = \dfrac{D_t(i) \beta_t^{(1-L_t(i))}}{Z_t}$

其中，Z_t 是标准化因子，$\sum\limits_{i=1}^{m} D_{t+1}(i) = 1$；

更新每一个基本学习机的权重 $w_t = \log\left(\dfrac{1}{\beta_t}\right)$。

4）设置 $t = t + 1$。

5）最终决策器采用本章的自适应动态选择输出方法。

3.4.3 自适应动态选择算法

从训练集中训练得到的基本学习机几乎不可避免地存在一定的泛化误差，即这些基本学习机可能在一部分区域表现出很好的预测性能，在其他区域预测性能则相对较低。因此，由于本章的集成算法主要应用于混沌时间序列的预测，根据集成错误分解式可知，在集成时应尽量选择在当前待预测样本上有可能具有较高预测性能的基本学习机进行集成。然而如何判断哪个基本学习机在当前待预测样本上的预测性能较高呢？根据最大 Lyapunov 指数的混沌时间序列预测方法的性质可知，在状态空间中与待预测样本欧氏距离最近的样本点与其相关性最大，当然这一结论同样符合机器学习的理论。从空间结构中不难看出，与待预测样本欧氏距离最近的样本点处于与其相邻的轨道集上，因此与其有很大的相关性。因此，利用与当前待预测样本欧氏距离最近的样本点的预测性能均值来估计基本学习机在待预测样本上的预测性能。

设通过集成算法得到的基本学习机集合为

$$M = \{m_1, m_2, \cdots, m_L\}$$

利用欧氏距离计算待预测样本在训练样本中 k 个最近邻样本 $X = \{(x_1 y_1), (x_2 y_2), \cdots, (x_k y_k)\}$，并计算每个基本学习机 m_j，$1 \leqslant j \leqslant L$ 在该最近邻集合的局部平均预测错误率，如式（3-30）所示。

$$\mathrm{MSE}(m_j, X) = \mathrm{E}\{(y_j - m_j(x_j)^2\} \tag{3-30}$$

根据排列对这些基本学习机进行 P 个选择，最终的回归机为

$$f_{\mathrm{fin}}(x) = \sum_{j=1}^{P} w_j m_j(x)$$

$$w_j = \frac{w_i}{\sum_i^p w_i} \tag{3-31}$$

🔍 3.5 混沌相空间重构

相空间重构的基本原理是利用一组有限的观察数据在重构的相空间中把系统的原有混沌吸引子恢复出来，进而研究非线性动力学系统及其轨道的各种性质。其基本原理为，任何一个变量的演化都是由与其相互作用的其他变量所决定的，

这些相关变量的信息存在于任何一个变量的演化过程中，这样，就可以从某一个分量的时间序列数据中提取或恢复原有系统的运动规律。因此，在重构一个相空间时只需考虑一个变量，通过该变量的长期演化过程即时间序列来分析系统的混沌现象。Takens 证明了由一个状态变量输出的观测时间序列及其适当的时延值所构成的维数合适的空间中，其非线性系统的动力学行为可以由此空间中的点演化轨迹表达出来。这里将这个观测值和相应的参数所构成的空间称为重构相空间，这种以实际观测数据来构造等价相空间的方法称为相空间重构法。

对于给定的时间序列 $\{x_i\}$，$i = 1, 2, \cdots, n$，n 为序列的长度。根据 Takens 嵌入定理，重构的相空间点为 $\{x_i, x_{i+\tau}, \cdots, x_{i+(m-1)\tau}\}$，其中，$i = 1, 2, \cdots, M$，$m$ 为嵌入维度，τ 为时延。M 为相空间中点的个数，$M = n - (m-1)\tau$。相空间中的状态运动轨道的几何结构为

$$\begin{bmatrix} x_1 & \cdots & x_{1+\tau} & x_{1+2\tau} & \cdots & x_{1+(m-1)\tau} \\ x_2 & \cdots & x_{2+\tau} & x_{2+2\tau} & \cdots & x_{2+(m-1)\tau} \\ \vdots & & \vdots & \vdots & \ddots & \vdots \\ x_{n-(m-1)\tau} & & & \cdots & & x_n \end{bmatrix} \tag{3-32}$$

混沌系统是个确定系统，服从一定的规律。由于其对初始值的敏感性，因此它的长期行为是不可预测的。短期内由于混沌奇异吸引子的存在，使它的运动轨迹发散较小，因此利用已有资料进行短期预测是可行的，即存在一个光滑函数，$\hat{f} : R^m \to R^m$，使

$$Y(t + T) = \hat{f}(Y(t)) \tag{3-33}$$

其中，T 为预测步长，T 最大值由最大 Lyapunov 指数决定。

为了预测方便，对于每一个状态信息

$$Y(n - (m-1)\tau) = [x_{n-(m-1)\tau}, x_{n-(m-2)\tau}, \cdots, x_n] \tag{3-34}$$

可以表示为

$$Y_R(n) = [x_{n-(q-1)}, x_{n-(q-2)}, \cdots, x_{n-1}, x_n] \tag{3-35}$$

其中，$q - 1 \geq (m-1)\tau$，$\tau \geq 1$，则只需 $q \geq m\tau$ 即可，为了方便起见，令 $q = m\tau$。

对于一个变量的实测时间序列，只需要预测未来单个时间点的值，因此需要重新定义一个多输入、单输出的非线性系统模型 $f : R^q \to R$，即可进行单步或多步预测。

$$\hat{y}(n + h) = f(Y_R(n)) \tag{3-36}$$

如果采用式（3-34）作为测试样本，则测试样本集及待测样本的构造方式如下。

$$T^{m \times 1} = \begin{bmatrix} (x_1, x_{1+\tau}, \cdots x_{1+(m-1)\tau}, & x_{1+(m-1)\tau+h}) \\ (x_2, x_{2+\tau}, \cdots x_{2+(m-1)\tau}, & x_{2+(m-1)\tau+h}) \\ \vdots \\ (x_{n-(m-1)\tau}, \cdots x_{n-\tau}, x_n, & f(x_{n+h})) \end{bmatrix} \quad （3-37）$$

如果采用式（3-35）作为测试样本，则测试样本集及待测样本的构造方式如下。

$$T^{m\tau \times 1} = \begin{bmatrix} (x_1, x_2, \cdots x_{1+(m\tau-1)}, & x_{1+(m-1)\tau+h}) \\ (x_2, x_3, \cdots x_{2+(m\tau-1)}, & x_{2+(m-1)\tau+h}) \\ \vdots \\ (x_{n-(m\tau-1)}, \cdots x_{n-1}, x_n, & f(x_{n+h})) \end{bmatrix} \quad （3-38）$$

🔍 3.6 基于自适应动态选择 LS-SVM 集成混沌时间序列预测算法

本节利用最小二乘支持向量机作为基本学习机，然后利用自适应动态选择集成算法来提升最小二乘支持向量机的性能，采用重构相空间投影状态向量作为该算法的训练集，提出了一种基于自适应动态选择最小二乘支持向量机集成混沌时间序列预测算法。算法流程如图 3-6 所示，具体步骤如下。

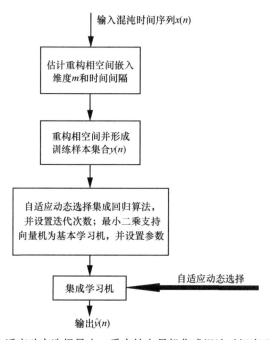

图 3-6　基于自适应动态选择最小二乘支持向量机集成混沌时间序列预测算法流程

1）对于给定的混沌时间序列，根据 Takens 定理确定其重构相空间的嵌入维度和时间间隔。

2）将混沌时间序列嵌入该重构相空间中，构造状态运动轨道矩阵。

3）根据式（3-37）或式（3-38）构造训练样本集合。

4）将训练集合输入自适应动态选择集成算法中，并设置迭代次数；学习机采用最小二乘支持向量机，并设置算法参数。

5）利用自适应动态选择决策算法对待预测的样本进行预测。

为了评价算法整体预测性能，并且方便与其他预测算法相比较，本章采用均方根误差 E_{RMSE} 和正则化均方根误差 E_{NRMSE} 两种指标，如式（3-39）和式（3-40）所示。

$$E_{\mathrm{RMSE}} = \sqrt{\dfrac{\sum\limits_{j=1}^{N}(y(j)-\hat{y}(j))^2}{N}} \tag{3-39}$$

$$E_{\mathrm{NRMSE}} = \dfrac{E_{\mathrm{RMSE}}}{\sigma} \tag{3-40}$$

其中，$y(j)$、$\hat{y}(j)$ 分别为混沌时间序列的真实值和预测值，σ 为该混沌时间序列的标准差。

3.7　测试分析与比较

3.7.1　Lorenz 混沌时间序列预测

为了验证本章算法的预测性能，首先引用著名的三维自治非线性动力系统之一的 Lorenz 吸引子，它主要用于湍流建模问题。它的动力学方程模型描述如下。

$$\frac{\mathrm{d}x(t)}{\mathrm{d}t} = -\sigma x(t) + \sigma y(t)$$

$$\frac{\mathrm{d}y(t)}{\mathrm{d}t} = rx(t) - y(t) - x(t)z(t) \tag{3-41}$$

$$\frac{\mathrm{d}z(t)}{\mathrm{d}t} = x(t)y(t) - \frac{bz(t)}{3}$$

其中，参数设置为 $\sigma=10$，$r=28$，$b=8$，此时系统呈现混沌状态。首先，对构成这一系统的其中一个状态变量 $x(t)$ 的混沌时间序列进行单步预测。设系统的初始状态变量 $x=1$，$y=2$，$z=3$，采用四阶五级龙格–库塔（Runge-Kutta）方法对其进行求解，设置步长为[0,0.01,100]，得到一个时间序列 $x(n)$ 的数值解。然后，对这个离散混沌时间序列进行相空间嵌入维度和归一化时间间隔的求解，得出 $m=4$，$\tau=3$。为了方便预测，根据式（3-35）构成 $q=12$ 的训练样本集合，即利用 12 维的输入样本 $[x(n-11),x(n-10),\cdots,x(n-1),x(n)]$ 预测 $x(n+1)$。为了消除暂态影响，从第 5 001 时间序列开始取值，训练样本选取 500 个，即[5 001, 5 512]。训练样本为

$$T^{12\times 1}=\begin{bmatrix}(x_{5\,001},x_{5\,002},\cdots x_{5\,012},x_{5\,013})\\(x_{5\,002},x_{5\,003},\cdots x_{5\,013},x_{5\,014})\\\vdots \qquad\qquad \vdots\\(x_{5\,500}\cdots x_{5\,510},x_{5\,511},x_{5\,512})\end{bmatrix}$$

测试样本为 1 500 个，序列值为 $[x_{5\,513},x_{7\,012}]$。本章算法中，LS-SVM 参数设置如下：核函数为 RBF 高斯核，其中核宽度为 $\sigma=\sqrt{3}$，惩罚因子 $\gamma=8\,500$；集成算法的迭代次数 $T=30$，最近邻 $k=5$，集成选择学习机个数为 3。为了进行性能比较，采用目前流行的 GP 模型、LS-SVM、ε 不敏感支持向量机（ε-SVR）、v 支持向量机（v-SVR），以及 RBF 神经网络（RBF-NN）等算法作为对比算法。其中，3 个支持向量机算法均采用高斯核，ε-SVR 的核参数为 $\sqrt{2.2}$，惩罚因子 $C=3$，$\varepsilon=0.01$；v-SVR 算法的 $v=0.5$，其他参数与 ε-SVR 算法相同，LS-SVM 与本章算法设置相同。RBF-NN 采用 150 个隐层中心。GP 模型采用常规高斯核函数。图 3-7 为采用本章算法对 Lorenz 序列 $x(n)$ 混沌时间序列预测值和真实值的比较，为了方便显示，将 n 取值范围缩减为[5 013, 5 812]。其中，各点的预测误差分布如图 3-8 所示。不难发现，无论是训练数据还是测试数据，其单步预测的结果与真实值都很好地吻合。

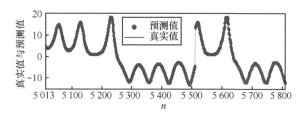

图 3-7　Lorenz $x(n)$ 混沌时间序列实际输出和单步预测输出

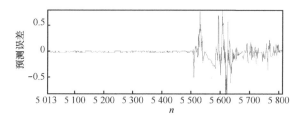

图 3-8　Lorenz $x(n)$ 混沌时间序列预测误差分布

表 3-1 给出了本章算法与其他混沌时间序列预测算法的预测性能的比较，分别对比了不同算法的训练集和测试集的均方根误差 E_{RMSE} 和正则化均方根误差 E_{NRMSE}。从比较结果可以看出，本章算法在训练集和测试集上预测效果和稳健性都很好。图 3-9 为本章算法采用不同学习机个数进行集成决策时的性能曲线，可以看出，当学习机的个数为 1 时 E_{NRMSE} 较大，随着集成学习机个数的增加 E_{NRMSE} 开始减少，如果集成学习机个数选择适当，增加集成学习机的个数能提升算法预测性能；但继续增加集成学习机个数，集成后的性能反而下降，因此利用集成算法提升学习机性能时需要进行选择集成。

表 3-1　本章算法与其他算法对 Lorenz 时间序列 $x(n)$ 单步预测的预测性能比较

预测模型	训练集		测试集	
	E_{RMSE}	E_{NRMSE}	E_{RMSE}	E_{NRMSE}
GP	0.289	0.005	2.678	0.044
ε-SVR	1.859	0.030	4.206	0.069
ν-SVR	7.987	0.131	7.297	0.119
LS-SVM	0.009	1.617×10^{-4}	3.385	0.055
RBF-NN	1.654	0.027	3.532	0.058
AdaBoost-LSSVM	6.984	0.114	7.787	0.127
SASBoost-LSSVM	0.008	1.447×10^{-4}	2.289	0.037

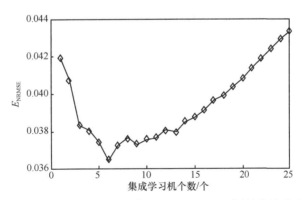

图 3-9　集成选择学习机个数对 Lorenz $x(n)$ 预测性能的影响

接下来，选择 Lorenz 系统中的另一个状态变量 $y(t)$ 的混沌时间序列进行单步预测，生成方法以及训练和测试时间序列样本的选择与预测 $x(t)$ 时相同。

图 3-10 显示了 $n \in [5\ 013, 5\ 812]$ 的预测结果，为了方便显示，这里采用间隔为 5 的采样点输出。图 3-11 为预测误差分布。不难看出，对于第二个状态变量，本章算法同样表现出了良好的拟合效果。表 3-2 给出了不同种预测算法的性能比较，可以看出，本章算法在 $y(t)$ 混沌时间序列的单步预测效果上也优于其他算法。

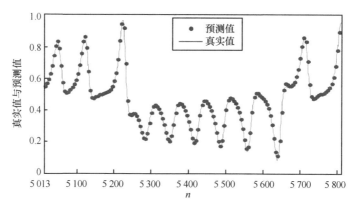

图 3-10　Lorenz $y(n)$ 混沌时间序列实际输出和单步预测输出

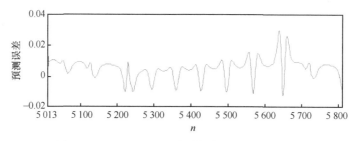

图 3-11　Lorenz $y(n)$ 混沌时间序列预测误差分布

表 3-2　本章算法与其他算法对 Lorenz 时间序列 $y(n)$ 单步预测的预测性能比较

预测模型	训练集		测试集	
	E_{RMSE}	E_{NRMSE}	E_{RMSE}	E_{NRMSE}
GP	0.006 189	$7.916\,3\times10^{-5}$	0.008 63	$1.105\,0\times10^{-4}$
ε-SVR	0.006 206	7.938×10^{-5}	0.008 51	1.089×10^{-4}
v-SVR	0.007 345	9.394×10^{-5}	0.016 21	2.074×10^{-4}
LS-SVM	0.006 310	8.075×10^{-5}	0.008 44	1.079×10^{-4}
RBF-NN	0.006 381	8.16×10^{-5}	0.009 57	$1.224\,0\times10^{-4}$
AdaBoost-LSSVM	0.006 220	$7.957\,4\times10^{-5}$	0.008 31	1.063×10^{-4}
SASBoost-LSSVM	0.006 139	7.852×10^{-5}	0.008 24	1.053×10^{-4}

　　图 3-12 为不同集成选择学习机个数对预测性能的影响。可以看出，集成学习机个数不同，算法性能也不相同，但无论选择多少个学习机进行集成，其集成后的算法性能都优于其他未集成单个学习机算法。

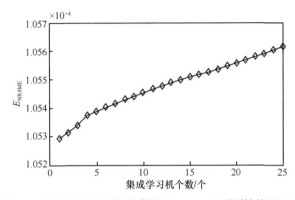

图 3-12　集成选择学习机个数为 Lorenz $y(n)$ 预测性能的影响

最后，选择 Lorenz 系统的中另一个状态变量 $z(t)$ 的混沌时间序列进行单步预测，生成方法以及训练和测试时间序列样本的选择同上。图 3-13 为[5 013, 5 812]的预测结果，为了方便显示，仍然采用间隔为 5 的采样点输出。其中，各点的预测误差分布如图 3-14 所示。从实验结果可以看出，对于第三个变量本章算法依然表现出良好的拟合效果。表 3-3 给出了本章算法与其他算法的性能比较，在 $z(t)$ 混沌时间序列的单步预测效果上本章算法也优于其他算法。集成选择学习机个数对预测性能的影响如图 3-15 所示。

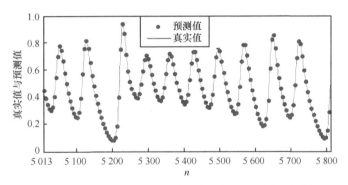

图 3-13　Lorenz $z(n)$ 混沌时间序列实际输出和单步预测输出

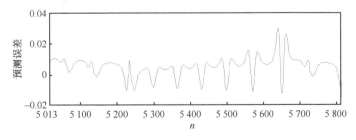

图 3-14　Lorenz $z(n)$ 混沌时间序列预测误差分布

表 3-3　本章算法与其他算法对 Lorenz 时间序列 $z(n)$ 单步预测的预测性能比较

预测模型	训练集		测试集	
	E_{RMSE}	E_{NRMSE}	E_{RMSE}	E_{NRMSE}
GP	0.007 014	$1.001\ 2\times10^{-4}$	0.006 710	9.597×10^{-5}
ε-SVR	0.007 175	$1.024\ 1\times10^{-4}$	0.006 910	9.874×10^{-5}
v-SVR	0.188 380	0.002 688	0.187 907	0.002 681
LS-SVM	0.007 069	1.008×10^{-4}	0.006 790	9.697×10^{-5}
RBF-NN	0.007 270	1.037×10^{-4}	0.007 070	1.009×10^{-4}
AdaBoost-LSSVM	0.007 010	$1.000\ 8\times10^{-4}$	0.006 730	9.608×10^{-5}
SASBoost-LSSVM	0.006 827	9.744×10^{-5}	0.006 553	9.352×10^{-5}

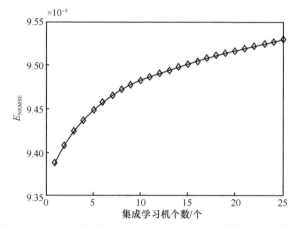

图 3-15　集成选择学习机个数对 Lorenz $z(n)$ 预测性能的影响

3.7.2　Hénon 混沌时间序列预测

埃农于 1976 年提出一种二维映射方程，其表达式为

$$x(t+1) = y(t) - ax(t)^2 + 1$$
$$y(t+1) = bx(t)$$

（3-42）

当参数 $a=1.4$ 和 $b=0.3$ 时，该映射出现奇异吸引子，即呈现混沌现象。此后，人们将式（3-42）表示的映射称为 Hénon 映射。为了研究本章算法对 Hénon 映射的混沌时间序列的预测性能，分别对状态变量 $x(t)$ 和 $y(t)$ 进行了单步预测。首先，利用初始值 [0.1,0.1]，产生 10 000 个离散点。为了消除暂态影响，只选取 5 000 以后的离散时间序列点作为训练样本和测试样本。重构相空间嵌入维度 $m=6$，时延

$\tau=1$。取 $q=6$ 构造 $x(n), y(n)$ 混沌时间序列的训练样本和测试样本集合。其中，训练样本数为 800 个，其取值区间为[5 001, 5 806]，测试样本数为 1 000 个，其待预测样本的取值区间为[5 807, 6 806]。本章算法及其他所有预测算法参数设置如上述，保持不变。

为了显示方便，这里只显示[5 506, 6 005]，即只显示后 300 个训练样本以及前 200 测试样本的预测结果。两个状态变量 $x(n)$ 和 $y(n)$ 各点的预测值和实际输出结果以及预测误差分布如图 3-16～图 3-19 所示，其中，图 3-17、图 3-19 分别为 Hénon 映射的 $x(n)$ 和 $y(n)$ 混沌预测的预测误差分布。

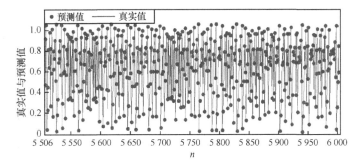

图 3-16　Hénon $x(n)$ 混沌时间序列实际输出和单步预测输出

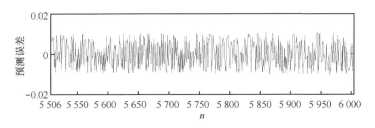

图 3-17　Hénon $x(n)$ 混沌时间序列预测误差分布

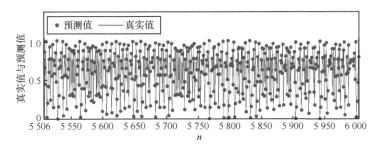

图 3-18　Hénon $y(n)$ 混沌时间序列实际输出和单步预测输出

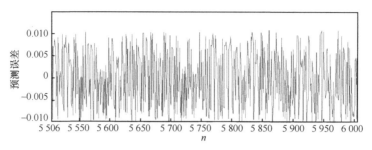

图 3-19 Hénon $y(n)$混沌时间序列预测误差分布

从实验结果可以看出，无论是在训练样本集合还是在测试样本集合上，本章提出的预测算法对 Hénon 映射的两个状态变量 $x(n)$ 和 $y(n)$ 的混沌时间序列的单步预测结果与实际输出都十分吻合，因此，该算法表现出很强的推广能力。表 3-4 和表 3-5 为不同算法对两个状态变量 $x(n)$ 和 $y(n)$ 的混沌时间序列单步预测性能的对比，可以看出，本章所提算法预测性能更强。

表 3-4　本章算法与其他算法对 Hénon 时间序列 $x(n)$单步预测的预测性能比较

预测模型	训练集		测试集	
	E_{RMSE}	E_{NRMSE}	E_{RMSE}	E_{NRMSE}
GP	0.007 15	0.013 78	0.007 11	0.013 7
ε-SVR	0.008 13	0.015 65	0.008 23	0.015 85
v-SVR	0.262 1	0.504 7	0.260 4	0.501 3
LS-SVM	0.007 526	0.014 4	0.007 525	0.014 48
RBF-NN	0.007 31	0.014 07	0.007 87	0.015 1
AdaBoost-LSSVM	0.006 89	0.013 27	0.006 85	0.013 2
SASBoost-LSSVM	0.006 55	0.012 622	0.006 526	0.012 566

表 3-5　本章算法与其他算法对 Hénon 时间序列 $y(n)$单步预测的预测性能比较

预测模型	训练集		测试集	
	E_{RMSE}	E_{NRMSE}	E_{RMSE}	E_{NRMSE}
GP	0.007 15	0.153	0.007 03	0.151 1
ε-SVR	0.008 13	0.174 0	0.008 2	0.176 10
v-SVR	0.262 4	5.614	0.260 2	5.566 8
LS-SVM	0.007 53	0.161 1	0.007 52	0.160 9
RBF-NN	0.007 67	0.164 0	0.008 01	0.171 3
AdaBoost-LSSVM	0.006 915	0.147 9	0.006 86	0.146 9
SASBoost-LSSVM	0.006 55	0.140 3	0.006 512	0.139 32

3.7.3　Mackey-Glass 混沌时间序列的 6 步以及 80 步直接预测

著名的时滞非线性动力系统 Mackey-Glass 方程的基本特征是系统随时间的演化不仅依赖系统的当前状态，也依赖其过去的状态。其数学模型表示为

$$\frac{\mathrm{d}x(t)}{\mathrm{d}t} = \frac{ax(t-s)}{1+x^{c}(t-s)} - bx(t) \tag{3-43}$$

其中，参数 $a = 0.2$，$b = 0.1$，$c = 10$，s 是时滞参数。由于该方法主要描述白血病病人发病时，其血液中所含白细胞数量的变化情况，因此受到白细胞新陈代谢生理现象的影响，该系统呈现周期性和混沌性。如果 $s > 17$，则系统呈现混沌状态，且 s 越大，其混沌化程度越高。为了得到离散的混沌时间序列，设置 $s = 30$，初始条件为 $x(0) = 0.1$，利用四阶龙格–库塔法求解上式的数值，得到 10 000 个时间序列点。从得到的时间序列中消除暂态影响，从 5 000 个点以后取 800 个训练样本、1 000 个测试样本。单步预测的重构相空间的嵌入维度 $m = 4$，时延 $\tau = 1$，本章算法及其他预测算法的参数不变。同样为了显示方便，只取后 300 个训练样本以及前 200 个测试样本。图 3-20 为本章算法对 Mackey-Glass 混沌时间序列单步预测值和实际真实值的对比结果，图 3-21 为预测误差的分布。可以直观地看出，本章算法的预测结果与真实值吻合较好。表 3-6 为本章算法与其他算法对 Mackey-Glass 混沌时间序列单步预测性能对比，可以看出本章方法的性能同样优于其他预测方法。集成选择学习机个数对预测性能的影响如图 3-22 所示。

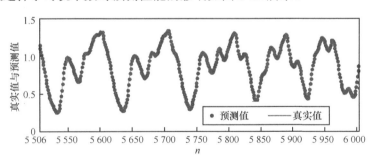

图 3-20　Mackey-Glass 混沌时间序列实际输出和单步预测输出

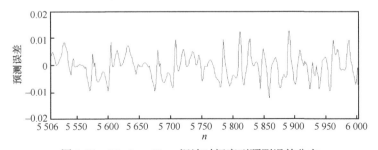

图 3-21　Mackey-Glass 混沌时间序列预测误差分布

表3-6　本章算法与其他算法对 Mackey-Glass 时间序列单步预测的预测性能比较

预测模型	训练集		测试集	
	E_{RMSE}	E_{NRMSE}	E_{RMSE}	E_{NRMSE}
GP	0.004 75	0.053 60	0.004 79	0.054 20
ε-SVR	0.004 83	0.054 50	0.004 88	0.055 14
ν-SVR	0.455 0	5.138 0	0.454 30	5.129 40
LS-SVM	0.005 70	0.064 30	0.005 79	0.065 39
RBF-NN	0.007 31	0.014 07	0.005 79	0.015 10
AdaBoost-LSSVM	0.004 88	0.055 20	0.004 93	0.055 75
SASBoost-LSSVM	0.004 40	0.049 69	0.004 67	0.052 70

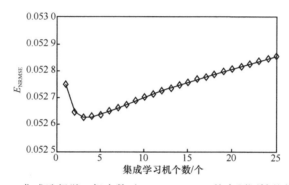

图 3-22　集成选择学习机个数对 Mackey-Glass 单步预测性能的影响

为了验证本章算法对于提前多步时间间隔的混沌时间序列预测性能，采用 $h=6$ 和 $h=80$ 的预测步长，即提前 6 步和提前 80 步进行预测。重构相空间的参数设置为：嵌入维度 $m=6$，时延 $\tau=3$，则预测模型的训练样本输入和输出形式如下。

$$\hat{y}(t+h) = f(y(t-15), y(t-12), y(t-9), y(t-6), y(t-3), y(t))$$

本章算法对 Mackey-Glass 混沌时间序列提前 6 步的预测值和实际输出值的对比如图 3-23 所示，其各点的预测误差分布如图 3-24 所示。

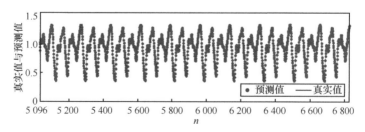

图 3-23　Mackey-Glass 混沌时间序列 6 步预测实际输出和 6 步预测输出

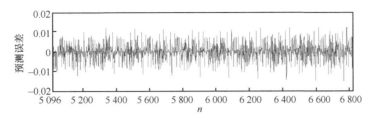

图 3-24 Mackey-Glass 混沌时间序列 6 步预测误差分布

从图 3-23 可以看出，无论是在训练集还是测试集上，基于本章算法的提前 6 步预测的结果与实际输出几乎相同，其微小的差异如图 3-24 所示，只能在很小的数量级上体现出来。表 3-7 为本章算法与其他算法对 Mackey-Glass 时间序列 6 步预测的性能比较。

表 3-7 本章算法与其他算法对 Mackey-Glass 时间序列 6 步预测的预测性能比较

预测模型	训练集		测试集	
	E_{RMSE}	E_{NRMSE}	E_{RMSE}	E_{NRMSE}
GP	0.007 070	0.113 000	0.009 820	0.157 000
ε-SVR	0.007 930	0.126 600	0.007 910	0.126 450
v-SVR	0.136 300	2.177 200	0.136 200	2.174 700
LS-SVM	0.014 870	0.237 400	0.015 100	0.241 200
RBF-NN	0.027 310	0.436 000	0.015 790	0.252 100
AdaBoost-LSSVM	0.023 400	0.374 300	0.023 370	0.373 100
SASBoost-LSSVM	0.003 821	0.061 010	0.004 208	0.067 180

接下来将本章方法应用在 Mackey-Glass 混沌时间序列，进行提前 80 步预测，n 的取值为 5 096～6 895，得到的预测结果与实际输出值的对比如图 3-25 所示，各点的预测误差分布如图 3-26 所示。

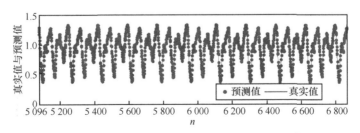

图 3-25 Mackey-Glass 混沌时间序列 80 步预测实际输出和 80 步预测输出

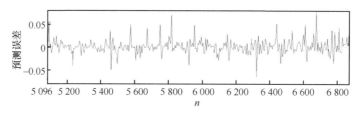

图 3-26　Mackey-Glass 混沌时间序列 80 步预测误差分布

从图 3-25 中可以看出，本章的预测算法得到的提前 80 步预测结果和实际输出吻合得很好，该结果进一步说明，本章算法同样适合于多步预测，因此具有很强的推广性。表 3-8 给出了本章预测算法与其他预测算法在 Mackey-Glass 混沌时间序列提前 80 步的预测性能对比，可以发现，GP 的性能相对较好，而其他支持向量机的预测性能没有达到较好效果。这是由于 GP 模型采用的是概率核学习机，其参数的选择是通过训练样本学习获得的，即所得的结果是经过参数优化后的结果。而支持向量机回归算法的参数固定，这也是导致其未达到理想性能的原因。而对于本章算法，即使基本学习机的参数未进行优化，其预测结果也相当理想，这也说明了集成算法能够提升弱学习机性能。

表 3-8　本章算法与其他算法对 Mackey-Glass 时间序列 80 步预测的预测性能比较

预测模型	训练集		测试集	
	E_{RMSE}	E_{NRMSE}	E_{RMSE}	E_{NRMSE}
GP	0.032 5	0.518 9	0.040 5	0.647
ε-SVR	0.104 2	1.665 0	0.105 58	1.685 84
ν-SVR	0.228 9	3.654 8	0.227 5	3.632 6
LS-SVM	0.116 3	1.858 2	0.116 9	1.867 9
RBF-NN	0.216	3.448	0.256	4.087
AdaBoost-LSSVM	0.196 8	3.142 4	0.198 6	3.171 6
SASBoost-LSSVM	0.013 38	0.213 7	0.015 56	0.248 45

图 3-27 和图 3-28 为本章算法对 Mackey-Glass 混沌序列提前 6 步和提前 80 步预测的集成选择学习机个数对性能的影响分析，可以看出，只有选择对预测样本的最近邻样本预测性能较好的前几个基本学习机进行加权才能很好地实现预测。这一点从 AdaBoost 算法的集成效果也可以分析得出，AdaBoost 将全部的基本学习机都进行加权导致性能反而下降。因此，集成时对基本学习机进行适当的选择是必须的，而不能将其全部进行集成。这也进一步证明了本章提出的自适应动态选择集成的重要性和有效性。

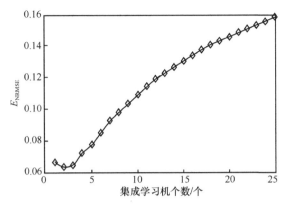

图 3-27　集成选择学习机个数对 Mackey-Glass 混沌时间序列 6 步预测性能的影响

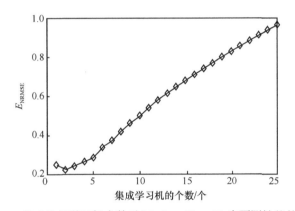

图 3-28　集成选择学习机个数对 Mackey-Glass 80 步预测性能的影响

3.7.4　太阳黑子混沌时间序列预测

　　太阳黑子数是用来表明太阳总活动水平的一个指数。以往的研究表明太阳黑子数月平均数及年平均数是一个低维混沌时间序列，本章采用来自 NASA 的太阳黑子数据序列进行预测实验，对 1749—2014 年的月平均太阳黑子数进行混沌时间序列预测。设置重构相空间的嵌入维度 $m=3$ ，时延 $\tau=10$ ，取 $q=30$ 生成训练样本和测试样本集合。取前 800 个样本作为训练样本，后 1 000 个样本作为测试样本。图 3-29 为本章算法针对太阳黑子月平均数单步预测结果与实际输出值的拟合关系，图 3-30 为其预测绝对误差分布。可以看出，无论是训练样本还是测试样本，本章算法对太阳黑子月平均数单步预测的吻合效果都很好。表 3-9 为本章算法与其他算法对太阳黑子月平均混沌序列的预测性能对比，不难看出本章算法的预测性能最优，AdaBoost-LSSVM 集成算法由于将全部的基本学习机的输出都进行加权预测，相比 LS-SVM 算法的性能不仅没有提升，反而严重下降。因此，有选择地进行集成是必要的，这也是集成算法有效提升基本学习机性能的关键。图 3-31 为集成选择学习机个数对预测性能的影响。

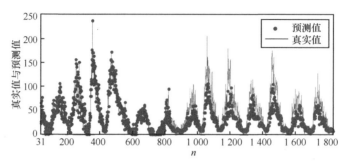

图 3-29 n=31～1 830 的太阳黑子月平均数混沌时间序列
单步预测实际输出和单步预测输出

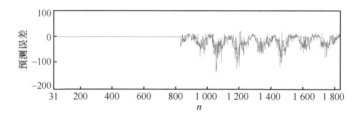

图 3-30 n=31～1 830 的太阳黑子月平均混沌时间序列单步预测误差分布

表 3-9 本章算法与其他算法对太阳黑子月平均时间序列单步预测的预测性能比较

预测模型	训练集		测试集	
	E_{RMSE}	E_{NRMSE}	E_{RMSE}	E_{NRMSE}
GP	0.035 6	$6.913×10^{-6}$	34.259	0.017 6
ε-SVR	0.010 0	$5.155\ 5×10^{-6}$	37.763 58	0.019 4
v-SVR	40.250 86	0.020 6	38.600	0.019 8
LS-SVM	0.013 94	$7.165\ 4×10^{-6}$	37.763 5	0.019 4
RBF-NN	0.025 6	$1.315\ 7×10^{-5}$	38.897	0.019 9
AdaBoost-LSSVM	67.85 7	0.034 87	67.129 2	0.034 50
SASBoost-LSSVM	0.011 67	$5.999×10^{-6}$	28.896	0.014 85

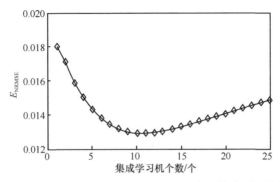

图 3-31　集成选择学习机个数对太阳黑子混沌序列单步预测性能的影响

3.8　本章小结

　　为了在现有混沌预测算法以及集成算法的基础上提出有效的改进方法，必须深入了解集成算法的基本原理以及流程，从而针对其存在的缺陷和不足提出有效的改进措施。本章提出的集成混沌时间序列预测算法以最小二乘支持向量机作为基本学习机。首先，介绍了支持向量机回归算法的基本原理以及特性；然后，介绍了改进的最小二乘支持向量机回归算法。本章对集成算法的基本原理和流程进行了介绍，并分析了其能有效提升基本学习机性能的理论依据，以及在处理分类问题上较其他方法的优势，并且指出了其在回归问题应用中存在的缺点。针对其不足，本章提出了一种自适应动态选择回归集成算法，并将其与最小二乘支持向量机算法结合，提出了基于最小二乘支持向量机动态选择集成混沌时间预测算法。实验部分，利用各种不同非线性动力学系统模型产生的混沌时间序列进行预测，结果表明，本章提出的算法较其他算法预测性能更优，且具有较好的稳定性和推广性。进一步实验分析发现，集成算法在解决回归问题时需要进行选择集成才能有效提升基本学习机性能。另外，如何选择基本学习机以及选择的个数都对集成算法的性能有一定的影响。由于本章算法没有针对相空间参数以及基本学习机的参数进行联合优化，其预测性能可能会受到影响，那么如何更好地将这些参数组合起来进行联合优化，这将是下一章重点研究的内容。

参考文献

[1]　赵永平, 王康康. 具有增加删除机制的正则化极端学习机的混沌时间序列预测[J]. 物理学

报, 2013, 62(24): 5091-5098.

[2] 张学清, 梁军. 基于 EEMD-近似熵和储备池的风电功率混沌时间序列预测模型[J]. 物理学报, 2013, 62(5): 68-77.

[3] 张春涛, 刘学飞, 向瑞银, 等. 基于最大互信息的混沌时间序列多步预测[J]. 控制与决策, 2012, 27(6): 941-944.

[4] 宋彤, 李菡. 基于小波回声状态网络的混沌时间序列预测[J]. 物理学报, 2012, 61(8): 90-96.

[5] 龙文, 梁昔明, 龙祖强, 等. 基于组合进化算法的RBF神经网络时间序列预测[J]. 控制与决策, 2012, 27(8): 1265-1272.

[6] 张春涛, 马千里, 彭宏, 等. 基于条件熵扩维的多变量混沌时间序列相空间重构[J]. 物理学报, 2011, 60(2): 112-119.

[7] 彭宇, 王建民, 彭喜元. 基于回声状态网络的时间序列预测方法研究[J]. 电子学报, 2010, 38(2A): 148-154.

[8] 李军, 张友鹏. 基于高斯过程的混沌时间序列单步与多步预测[J]. 物理学报, 2011, 60(7): 143-152.

[9] SCHAPIRE R E. The strength of weak learnability[J]. Machine Learning, 1990, 5(2): 197-227.

[10] FREUND Y. Boosting a weak algorithm by majority[J]. Information and Computation, 1995, 121(2): 256-285.

[11] FREUND Y, SCHAPIRE R E. A decision-theoretic generalization of on-line learning and an application to Boosting[J]. Journal of Computer and System Sciences, 1997, 55 (1): 119-139.

第4章
基于变异粒子群联合参数优化
多尺度核混沌时间序列预测方法

🔍4.1　引言

支持向量回归是学者 Vapnik 在统计学习理论的基础上提出的一种机器学习算法，它使用二次规划算法来求解，也被称为二次规划支持向量回归（Quadratic Programming Support Vector Regression, QPSVR）[1-2]，有效解决了神经网络等传统学习理论的不足，并广泛应用于各种函数及序列预测。随后，学者 Smola 提出了以线性规划算法求解的线性规划支持向量回归（Linear Programming Support Vector Regression, LPSVR）[3-4]。研究表明，LPSVR 比 QPSVR 具有更好的模型稀疏性，并能够使用更一般性的核函数。如前文所述，SVR 算法已经广泛应用于混沌序列的预测中，然而，目前针对 SVR 算法的研究工作大多集中在对单个核函数的构造及参数优化上。对于分布相对复杂的数据而言，单核支持向量回归算法的性能与核函数及其对应的参数选取有很大的关系，一般的交叉验证等确定参数的方法十分费时并且随意性很大，因此，预测精度和支持向量的数目非常容易受到影响。在实际应用中，由于各种数据所隐含的规律比较复杂，很难使用单一核函数来反映既具有陡峭变化又具有平缓变化的规律。另外，由于实际中通常只能获得有限的实测数据，在少量的实测数据样本下，使用单一支持向量回归准确建立具有复杂变化规律的模型比较困难。因此，需要解决实际应用中只有少量实测数据样本时如何准确建模的问题[5]。

近年来，多核学习成为核机器学习领域的研究热点，它是目前核学习模型中灵活性非常强的一类。已经有理论证明了多核代替单核可以增强决策函数的性能，并能获得比单核模型或单核机器组合模型更优的性能。通过多核学习获得的混合核能够在特征空间中更加充分地表示数据信息，可以减少支持向量的数目，并且提高预测精度。多核学习已在模式分类[6]、模式回归[7]等应用中取得了良好效果。支持向量回归算法能够从数据的学习中获得函数，并且展现出了比其他方法更好的性能。为了解决复杂规律的准确建模问题，需要使用多个核函数的线性加权形成一个混合核函数，来构造多核支持向量回归算法。

4.2　核理论及核函数构造

人们对核方法[8-10]的关注得益于支持向量机[1]理论的发展和应用。核函数理论并不源于支持向量机，它只是在线性不可分数据条件下实现支持向量方法的一种手段。

Mercer 定理可以追溯到 1909 年。再生核希尔伯特空间（Reproducing Kernel Hilbert Space, RKHS）研究是从 20 世纪 40 年代开始的。早在 1964 年，Aizerman 等[11]在势函数方法的研究中就将该技术引入机器学习领域，但是直到 1992 年 Vapnik 等利用该技术成功地将线性 SVM 推广到非线性 SVM 时，其潜力才得以充分挖掘。核函数方法的原理是通过一个特征映射可以将输入空间（低维的）中的线性不可分数据映射成高维特征空间（再生核 Hilbert 空间）中的线性可分数据，这样就可以在特征空间使用 SVM 方法进行分类。因为使用 SVM 方法得到的学习机器只涉及特征空间中的内积，而内积又可以通过某个核函数（即所谓 Mercer 核）来表示，因此可以利用核函数来表示最终的学习机器。

核函数本质上对应于高维空间中的内积，从而与生成高维空间的特征映射对应。核方法正是借用这一对应关系隐性地使用了非线性特征映射（当然也可以是线性的）。通过这一方法既能够利用高维空间让数据变得易于处理，将不可分的问题变成可分的问题；又回避了高维空间带来的维数灾难，不用显性地表达特征映射。核函数的采用使线性的 SVM 很容易推广到非线性的 SVM，是解决非线性模式分析问题的一种有效方法。

设输入样本集合 $\{(x_1, y_1), (x_2, y_2), \cdots, (x_n, y_n)\}$，$x_i \in R^N$，$y_i \in R$，则传统的 SVM 方法对应的对偶优化问题如下。

$$\max W(a) = \sum_{i=1}^{n} a_i - \frac{1}{2} \sum_{i,j=1}^{n} y_i y_j a_i a_j < x_i, x_j >$$

$$\text{s.t.} \quad \sum_{i=1}^{n} a_i y_i = 0$$

$$a_i \geqslant 0, i = 1, 2, \cdots, n \tag{4-1}$$

以上优化函数的求解需要计算 $<x_i, x_j>$，如果输入样本线性不可分，则通过 $\Phi : X \to F$ 映射将输入样本空间输入新的特征空间中，使其在此空间先行可分，即 $\{(\Phi(x_1), y_1), (\Phi(x_2), y_2), \cdots, (\Phi(x_n), y_n)\}$。

然而，实际应用时不需要显性地将输入空间中的样本映射到新的空间中，而是希望通过某种方法直接在输入空间中计算出内积 $<\Phi(x_i), \Phi(x_j)>$。该方法将输入空间向高维空间做一种隐性映射，它不需要显性地给出该映射，而是在输入空间就可以计算 $<\Phi(x_i), \Phi(x_j)>$，这就是核函数方法。

定义 4-1　核是一个函数 K，对于所有的 $x_1, x_2 \in X$ 满足 $K(x_1, x_2) = <\Phi(x_1), \Phi(x_2)>$，这里的 Φ 为从 X 到内积特征空间 F 的映射。根据 Hilbert 理论，只要满足 Mercer 条件，在非线性映射的特征空间中找到一定的核函数，就能够把输入空间中的线性不可分问题映射到一个特征空间成为可分的问题，使非线性问题得以简化。Mercer 条件定义[12]如下。

要保证 $K \in L_2$ 下的对称函数能以正的系数 $a_K > 0$ 展开成以下形式。

$$K(x, y) = \Phi(x)\Phi(y) = \sum_{k=1}^{\infty} a_k \Phi_k(x) \cdot \Phi_k(y) \tag{4-2}$$

在这种情况下，将输入空间映射到特征空间的表达如下

$$\Phi:\ x \to (\sqrt{a_1}\Phi_1(x), \sqrt{a_2}\Phi_2(x), \cdots) \tag{4-3}$$

即用 $K(u, v)$ 描述一个特征空间中的一个内积的充分必要条件是使 $\int g^2(u)\mathrm{d}u < \infty$ 的所有 $g \neq 0$ 条件，$\iint K(u, v)g(u)g(v)\mathrm{d}u\mathrm{d}v > 0$ 成立，则满足 Mercer 条件的核函数称为容许核[13]。

核函数方法的广泛应用与其特点是分不开的，主要有以下几个方面。

1）核函数的引入避免了"维数灾难"，大大减小了计算量，而输入空间的维数对核函数矩阵无影响，因此，核函数方法可以有效处理高维输入。

2）不需要知道非线性变换函数 Φ 的形式和参数。

3）核函数的形式和参数的变化会隐性地改变从输入空间到特征空间的映射，进而对特征空间的性质产生影响，最终改变各种核函数方法的性能。

4）核函数方法可以和不同的算法相结合，形成多种不同的基于核函数技术的方法，且这两部分的设计可以单独进行，并可以为不同的应用选择不同的核函数和算法。

核函数的确定并不困难，满足 Mercer 定理的函数都可以作为核函数。常用的核函数可分为两类，即内积核函数和平移不变核函数。核函数方法步骤如下。

1）收集并整理样本，然后进行标准化；

2）选择或者构造核函数；

3）用核函数将样本变换成为核函数矩阵，这一步相当于将输入数据通过非线性函数映射到高维特征空间；

4）在特征空间对核函数矩阵实施各种线性算法；

5）得到输入空间中的非线性模型。

显然，将样本数据核化成核函数矩阵是核函数方法中的关键。应当注意到，核函数矩阵是 $n \times n$ 的对称矩阵，其中 n 为样本数。

容许核满足性质 4-1 和性质 4-2，因此可以从简单的 Mercer 容许核设计出复杂的核函数。

性质 4-1 容许核的正系数线性组合是容许核。

性质 4-2 容许核的乘积是容许核。

SVM 的成功促进了核方法的迅速普及和发展，使其逐渐渗透到机器学习的诸多领域。尽管核方法在众多的应用领域有效且实用，但都是基于单个特征空间的单核方法。由于不同的核函数具有的特性并不相同，因此在不同的应用场合，核函数的性能表现差别很大，且核函数的构造或选择至今没有完善的理论依据。此外，当样本特征含有异构信息、样本规模很大、多维数据不规则或数据在高维特征空间分布不平坦时，采用单个简单核进行映射的方式对所有样本进行处理并不合理[14]。针对这些问题，近年来，出现了大量关于核组合方法的研究[15-18]，即多核学习方法，期望通过多核的组合获得更优的性能。

4.2.1 多核学习：多尺度核方法

由性质 4-1 可知，构造多核学习最经典的方法就是将多个容许核进行线性凸组合，如式（4-4）所示。

$$K(x_i, x_j) = \sum_{l=1}^{M} \beta_l k_l(x_i, x_j) \tag{4-4}$$

其中，$\beta_l > 0$，$l = 1, 2, \cdots, M$，$\sum_{l=1}^{M} \beta_l = 1$。

该方法最早被 Pavlidis 用于异构数据的基因功能分类问题。由于来自异构源的基因数据具有不同的特性，因此需要不同的核矩阵集成来评估各自不同异构特征的贡献，这类多核方法将多个核函数进行线性加权组合，如图 4-1 所示。

由图 4-1 可知，MKL 多核学习方法类似于一个神经网络，输出由中间若干节点的线性组合构成；而多核学习的决策函数则类似于一个比支持向量机更高一级的神经网络，其输出即为中间一层核函数输出的线性组合。利用多核方法的 SVM 对偶优化问题如下。

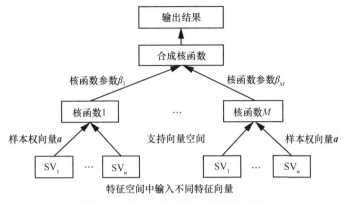

图 4-1　线性加权合成多核方法示意

$$\max W(\boldsymbol{a}) = \sum_{i=1}^{n} a_i - \frac{1}{2}\sum_{i,j=1}^{n} y_i y_j a_i a_j \sum_{m=1}^{M} \beta_m k_m(x_i^m, x_j^m) + \sum_{m=1}^{M} \sigma_m \beta_m$$

$$\text{s.t.} \quad \sum_{i=1}^{n} a_i y_i = 0 \quad \forall m$$

$$a_i \geqslant 0, i = 1, 2, \cdots, n \tag{4-5}$$

在众多的核函数中，高斯核函数是最受欢迎的，其数学表达式如下

$$k(x, y) = \exp\left(-\frac{\|x - y\|^2}{2\sigma^2}\right) \tag{4-6}$$

其中，尺度参数为 σ。尺度大的高斯函数用来模拟决策函数中的平滑区域的样本，而尺度小的高斯函数用来模拟决策函数中相对变化剧烈的样本区域。因此，多尺度高斯核函数可表示为

$$k(x, y) = \exp\left(-\frac{\|x - y\|^2}{2\sigma_1^2}\right), \cdots, k(x, y) = \exp\left(-\frac{\|x - y\|^2}{2\sigma_m^2}\right) \tag{4-7}$$

其中，$\sigma_1 < \sigma_2 \ldots < \sigma_m$，$\sigma_i = 2^m \sigma, i = 1, 2, \cdots$。

将多尺度高斯核函数进行线性加权组合生成多核函数如下

$$K(x, y) = \sum_{m=1}^{M} \beta_m \exp\left(-\frac{\|x - y\|^2}{2\sigma_m^2}\right) \tag{4-8}$$

下面证明该合成的多尺度核为容许核。

证明

设 $k_m(x, y) = \exp\left(-\dfrac{\|x - y\|^2}{2\sigma_m^2}\right)$ 为多尺度核。$K(x, y) = \displaystyle\sum_{m=1}^{M} \beta_m k_m(x, y)$ 高斯核是经

典的容许核，因此满足式（4-9）。

$$\iint k_m(x,y)g(x)g(y)\mathrm{d}x\mathrm{d}y \geqslant 0 \qquad (4\text{-}9)$$

进一步可知

$$\iint K(x,y)g(x)g(y)\mathrm{d}x\mathrm{d}y = \iint \sum_{m=1}^{M} \beta_m k_m(x,y)g(x)g(y)\mathrm{d}x\mathrm{d}y =$$

$$\sum_{m=1}^{M} \beta_m \iint k_m(x,y)g(x)g(y)\mathrm{d}x\mathrm{d}y \geqslant 0 \qquad (4\text{-}10)$$

由此可知，$K(x,y)$ 为容许核。证毕。

4.2.2 多核机器的学习方法

多核学习训练方法主要分为以下两种。

1）一步学习方法。该方法是将核函数的权重和合成学习机的样本权重作为整体进行训练学习，又分为串行训练学习方法和并行训练学习方法。在串行训练学习方法中，首先确定核函数的权重，然后利用加权后核函数的核学习机进行训练学习得到合成学习机的样本权重；在并行训练学习方法中，上述两种参数同时进行训练学习。

2）两步学习方法，又称为迭代方法。在每次迭代中，首先固定基本核学习机的参数，然后更新合成核的权重，最后固定合成核的权重值，并利用基本训练算法更新基本核学习机的参数。两步学习方法主要有以下几种。

① Tanabe 提出的一种启发式多核学习方法，利用式（4-11）所示的规则学习分类问题多核的核函数权重。

$$\beta_i = \frac{\pi_i - \delta}{\sum_{i=1}^{M}(\pi_i - \sigma)} \qquad (4\text{-}11)$$

其中，π_i 为以 k_i 为核的学习机；σ 为精度阈值，该值小于或等于单核学习机的精度。对于回归问题，有

$$\beta_i = \frac{\sum_{i=1}^{M} p_i - p_m}{(p-1)\sum_{i=1}^{M} p_i} \qquad (4\text{-}12)$$

其中，p_i 是以 k_i 为核函数的学习机的预测精度，p_m 是各种核函数学习机的预测精度的平均值。

② 2002 年，Kandola 等提出利用加权线性合成核和理想核的相似性为目标的优化方法，如式（4-13）所示。

$$A(K, yy^{\mathrm{T}}) = \frac{\sum\limits_{i=1}^{M} \beta_i < k_i, yy^{\mathrm{T}} >_F}{N\sqrt{\sum\limits_{i=1}^{M}\sum\limits_{m=1}^{M} \beta_i \beta_m < K_i, K_m >_F}} \qquad (4\text{-}13)$$

则 $\max A(K, yy^{\mathrm{T}})$，$\beta \in R^M$，等价于 $\max \sum\limits_{i=1}^{M} \beta_i < K_i, yy^{\mathrm{T}} >_F$，$\beta \in R^M$，s.t. $\sum\limits_{i=1}^{M}\sum\limits_{m=1}^{M} \beta_i \beta_m < K_i,$

$K_m >_F = c$。

利用拉普拉斯函数，将上述优化问题转化为

$$\max \sum\limits_{i=1}^{M} \beta_i < K_i, yy^{\mathrm{T}} >_F - \mu \left(\sum\limits_{i=1}^{M}\sum\limits_{m=1}^{M} \beta_i \beta_m < K_i, K_m >_F - c \right) \beta \in R^M \qquad (4\text{-}14)$$

③ 2002 年，Lanckriet 提出直接优化多核函数的支持向量机结构化风险。

$$\max w(K) = \sum\limits_{i=1}^{N} a_i - \frac{1}{2}\sum\limits_{i=1}^{N}\sum\limits_{j=1}^{N} a_i a_j y_i y_j K(x_i, x_j)$$

$$\text{s.t.} \quad a_i \in N, \sum\limits_{i=1}^{N} a_i y_i = 0, C \geqslant a_i \geqslant 0 \qquad (4\text{-}15)$$

其中，$K \in \left\{ K : K = \sum\limits_{i=1}^{M} \beta_i K_i, K \geqslant 0, \mathrm{tr}(K) \leqslant c \right\}$

④ 2007 年，Varma 和 Ray 提出直接利用 QP 优化方法求解。

$$\min J(\beta) = \frac{1}{2}\|w_\beta\|_2^2 + C\sum\limits_{i=1}^{N} \xi_i + \sum\limits_{m=1}^{M} \sigma_m \beta_m \qquad (4\text{-}16)$$

其中，$w_\beta \in R^{S_\beta}, \xi \in R, b \in R$, s.t. $y_i(< w_\beta, \Phi_\beta(x_i) > + b) \geqslant 1 - \xi_i$，$i = 1, 2, \cdots, N$。

它对应的对偶优化问题为

$$\max J(\beta) = \sum\limits_{i=1}^{N} a_i - \frac{1}{2}\sum\limits_{i=1}^{N}\sum\limits_{j=1}^{N} a_i a_j y_i y_j \underbrace{\left(\sum\limits_{m=1}^{M} \beta_m k_m(x_i, y_j) \right)}_{K_\beta(x_i, x_j)} + \sum\limits_{m=1}^{M} \sigma_m \beta_m$$

$$a \in R^N \quad \text{s.t.} \sum\limits_{i=1}^{N} a_i y_i = 0, \forall m, C \geqslant a_i \geqslant 0, \forall i \qquad (4\text{-}17)$$

对 σ_m 求导，如式（4-18）所示。

$$\frac{\partial J}{\partial \sigma_m} = \sigma_m - \frac{1}{2}\sum_{i=1}^{N}\sum_{j=1}^{N}a_i a_j y_i y_j \frac{\partial K_\beta(x_i,x_j)}{\partial \sigma_m} =$$

$$\sigma_m - \frac{1}{2}\sum_{i=1}^{N}\sum_{j=1}^{N}a_i a_j y_i y_j K_m(x_i^m, x_j^m) \tag{4-18}$$

⑤ 2009 年，Qiu 和 Lane 提出依据核目标度量确定分类问题的多核核权重的方法。定义 K_1, K_2 核在 T 训练样本下计算的相似度为

$$A(T,K_1,K_2) = \frac{<K_1,K_2>_F}{\sqrt{<K_1,K_1>_F<K_2,K_2>_F}} \tag{4-19}$$

其中，$<K_1,K_2>_F = \sum_{i=1}^{N}\sum_{j=1}^{N}k_1(x_i^1,x_j^1)k_2(x_i^2,x_j^2)$。定义 yy^T 为二值分类问题的理想核。那么核 K 与理想核的相似度为

$$A(T,K,yy^T) = \frac{<K,yy^T>_F}{\sqrt{<K,K>_F<yy^T,yy^T>_F}} = \frac{<K,yy^T>_F}{N\sqrt{<K,K>_F}} = \frac{y^T Ky}{N\sqrt{<K,K>_F}} \tag{4-20}$$

其中，$y^T Ky = \sum_{i,j=1}^{N}y_i y_j k(x_i,x_j) = \sum_{y_i=y_j}k(x_i,x_j) - \sum_{y_i\neq y_j}k(x_i,x_j)$，不难发现，输入样本相似性越大，异类样本的相似性越小，则核相似度越大。其单核函数的权重为

$$\beta_i = \frac{A(K_i,yy^T)}{\sum_{i=1}^{M}A(K_i,yy^T)}, i=1,2,\cdots,M \tag{4-21}$$

然后，利用该权重进行线性凸组合。

多核学习方法的智能优化问题主要是寻找一些比较成熟且优化性能良好的智能算法。首先，建立一个目标函数，然后寻找函数的极值。寻找函数极值过程也就是合成核函数的过程，例如可以选择多项式与径相基核的合成核作为支持向量机的核函数，用 SVM 进行预测，将多项式核的阶数、径向基核的尺度参数、SVM 调整参数以及合成核的两个权重参数形成参数向量作为粒子，利用粒子群算法对该合成核的参数进行优化。最后，找到最优的预测结果。

🔍 4.3 基于多尺度逃逸粒子群优化的联合参数优化算法

4.3.1 粒子群基本原理

粒子群算法（PSO）最早是由 Eberhart 和 Kennedy 在 1995 年共同提出的，其

基本思想源于他们早期对鸟类的群体行为进行仿真与建模研究时的发现，用社会行为代替进化算法的自然选择机制，通过种群间的相互协作实现对问题的最优解搜索[19-21]。在粒子群算法中，每一个优化问题都可以看作空中觅食的鸟群，而在 PSO 算法解空间中进行搜索的每一个粒子（Particle），则被看作空中飞行的一只觅食的鸟，也就是该优化问题的一个解，要寻觅的食物则是该优化问题的最优解。

在一个 D 维的目标搜索空间中，每一个粒子看作解空间内的一点，并且具有相应的位置和速度两个特征。设整个种群是由 m 个粒子构成，m 也被称为群体规模 Swarmsize，m 设置过大会影响算法收敛和运算的速度。粒子在搜索空间中以一定的速度飞行，这个速度根据它自身的飞行经验和同伴的飞行经验进行动态调整。设 $z_i = (z_{i1}, z_{i2}, \cdots, z_{iD})^{\mathrm{T}}$ 为第 i 个粒子（$i = 1, 2, \cdots, m$）的 D 维位置矢量，根据事先设定的适应值函数（与要解决的优化问题有关）计算 z_i 当前的适应值，即可衡量粒子位置的优劣；$\boldsymbol{v}_i = (v_{i1}, v_{i2}, \cdots, v_{iD})^{\mathrm{T}}$ 为第 i 个粒子的飞行速度，即粒子的移动距离；所有的粒子都知道其迄今为止搜索到的最优位置 $\boldsymbol{p}_i = (p_{i1}, p_{i2}, \cdots, p_{iD})^{\mathrm{T}}$，即 pBest，以及整个群体中所有粒子迄今为止搜索到的最优位置 $\boldsymbol{p}_g = (p_{g1}, p_{g2}, \cdots, p_{gD})^{\mathrm{T}}$，即 gBest。在每一次迭代中，粒子通过跟踪上述两个极值，并根据式（4-22）和式（4-23）这两个更新式来更新自身的速度与位置。

$$v_{id}(k+1) = v_{id}(k) + c_1 r_1 (p_{id} - z_{id}(k)) + c_2 r_2 (p_{gd} - z_{id}(k)) \tag{4-22}$$

$$z_{id}(k+1) = z_{id}(k) + v_{id}(k+1) \tag{4-23}$$

其中，$i = 1, 2, \cdots, m$；$d = 1, 2, \cdots, D$；k 是迭代次数；r_1 和 r_2 是 [0,1] 之间的随机数，用来保持群体的多样性；c_1 和 c_2 称为学习因子，也称加速因子，通常其值为 1，可以使粒子具有自我总结和向群体中优秀个体学习的能力，从而向自己的历史最优点以及群体内的历史最优点靠近。式（4-23）中右项中的两个部分分别为认知部分（代表粒子对自身的学习）和社会部分（代表粒子间的协作）。这两个部分之间的相互平衡决定了算法的主要性能。图 4-2 表明粒子如何调整它的位置。

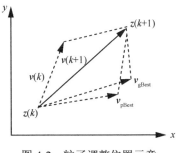

图 4-2　粒子调整位置示意

图 4-2 中，$z(k)$ 为当前的搜索点，$z(k+1)$ 为调整后的搜索点，$v(k)$ 为当前的速度，$v(k+1)$ 为调整后的速度，v_{pBest} 为基于 pBest 的速度，v_{gBest} 为基于 gBest 的速度。

为改善基本 PSO 算法的收敛性能，学者们提出了标准 PSO 算法，主要是引入了惯性权重 w，它起到权衡局部和全局最优能力的作用。已有文献证明，如果 w 随算法迭代的进行而线性减小，将显著改善算法的收敛能力。因此，常将其设为一个随时间线性减少的函数，而不是固定值。设 w_{max} 为最大加权系数，w_{min} 为最小加权系数，k 为当前迭代次数，k_{max} 为算法的最大迭代次数，则 w 的计算式为

$$w = w_{max} - k \frac{w_{max} - w_{min}}{k_{max}} \tag{4-24}$$

相应的速度与位置更新式为

$$v_{id}(k+1) = w v_{id}(k) + c_1 r_1 (p_{id} - z_{id}(k)) + c_2 r_2 (p_{gd} - z_{id}(k)) \tag{4-25}$$

4.3.2 多变异逃逸粒子群算法

由于 PSO 算法相对简单，所需参数较少，同时能有效解决复杂的优化任务，因此在模式识别、多目标函数优化、神经网络权值训练和图像处理等方面都有较好表现。但是 PSO 算法作为一种新的群智能算法，仍然存在收敛速度慢和早熟（陷入局部最优点）这两个难题[22-23]。因此，为了防止 PSO 算法陷入局部最优解，研究者通过改善种群多样性来提高算法的全局解搜索能力。文献[24]提出通过种群随机多代初始化，解决粒子间的聚集和冲突等策略达到增强种群多样性的目的；文献[25]通过引入小概率随机变异机制来提高种群多样性、增强算法寻优能力。但是，由于变异率不易控制，过大的变异率在增加种群多样性的同时也将导致群体混乱，使算法后期不能进行精确的局部搜索，延缓算法的收敛速度。

由粒子群算法的计算式可知，粒子的全局搜索能力依赖于速度 v，而随着迭代次数的增加，粒子会向最优解和局部最优解靠近，导致速度值中的社会部分和认知部分的值变小，而为了提高算法后期的收敛能力，速度值中的惯性部分会随着迭代次数的增加而逐步减小，最终逐渐丧失了空间勘探的能力。也就是说，当社会部分和认知部分趋近于 0 时，由于 $w<1$，速度将会迅速下降到 0。通过分析发现，导致 PSO 算法易陷入局部最优解的根本原因是，当初始速度不为 0 时，粒子会通过惯性运动远离 gBest 到其他未知解空间中进行勘探；而随着迭代次数的增加，粒子的速度会逐渐接近 0，这就会导致所有的粒子逐渐向 gBest 靠拢，尽管在 gBest 区域具有一定的开采能力，但这时并不能保证该 gBest 就是整个搜索空间中的最优解，从而停止运动陷入局部最优。因此，PSO 算法实际上并不能保证收敛到全局最优点，而是仅仅收敛到种群最优点 gBest。

通过上述分析不难看出，PSO 算法控制种群多样性主要是通过调整粒子速度的大小来实现的。传统通过变异逃逸来逃出局部最优解的算法中，逃逸方法均采用均匀变异，虽然改变逃离原点的能力很强，但由于无法预知函数局部极值间的距离，因此很难给出合适的变异方差。如果给出的初始方差较大，虽然能保证粒子逃出了原点，但无法保证所逃离到的新位置的适应值就一定优于现有的最优解，尤其在算法进化的后期，其最优解可能就存在于现有最优解周边的区域。

为此，本章应用一种多变异逃逸粒子群优化算法[26]，该算法的逃逸能力包括均匀变异算子以及具有不同尺度方差的高斯变异算子。采用均匀变异算子可以保证无论何时算法都具有逃逸局部最优解的能力，从而扩大解空间的搜索，尤其在算法初期该变异可使算法具有极强的空间勘探能力；为了弥补均匀变异算子不能进行局部详细搜索的不足，进一步采用不同尺度的高斯变异算子，该算子有助于算法在搜索空间中进行分散式的搜索，同时变异尺度随着适应度的提升而逐渐减少，这样可以在保证逃逸能力的同时，提高最优解的精度，保证算法收敛性能，尤其在算法后期具有极强的局部开采能力。

算法的具体描述如下。

设粒子个数 N，高斯变异算子尺度个数为 M。首先设置多尺度高斯变异算子的初始方差。

$$\sigma^{(0)} = (\sigma_1^{(0)}, \sigma_2^{(0)}, \cdots, \sigma_M^{(0)}) \tag{4-26}$$

初始时，高斯方差一般设定为优化变量的取值范围，随迭代次数的增加，多尺度高斯变异算子的方差会随之进行调整，具体调整方式如下。首先，根据适应值的大小对种群中的粒子由小到大进行排序；然后对其进行组合，组成 M 个子群，每个子群的粒子个数为 $p = \dfrac{N}{M}$，K 是当前迭代次数，计算每一个子群的适应度。

$$\mathrm{FitX}_m^{(K)} = \sum_{i=1}^{p} \frac{\mathrm{Fit}(x_i^m)}{p}, \ m = 1, 2, \cdots, M \tag{4-27}$$

每一个子群根据其适应值的不同而获得不同的变异能力，因此，第 m 个变异算子的标准差根据当前迭代次数 K 的第 m 个子群的适应值的变化进行调整。

$$\sigma_m^{(K)} = \sigma_m^{(k-1)} \exp\left(\frac{M\mathrm{FitX}_m^{(K)} - \sum\limits_{m=1}^{M} \mathrm{FitX}_m^{(K)}}{\mathrm{FitX}_{\max} - \mathrm{FitX}_{\min}} \right) \tag{4-28}$$

$$\mathrm{FitX}_{\max} = \max(\mathrm{FitX}_1^{(K)}, \mathrm{FitX}_2^{(K)}, \cdots, \mathrm{FitX}_M^{(K)}) \tag{4-29}$$

$$\text{FitX}_{\min} = \min(\text{FitX}_1^{(K)}, \text{FitX}_2^{(K)}, \cdots, \text{FitX}_M^{(K)}) \tag{4-30}$$

由于高斯变异算子的标准差的进化是一个递归过程，排在后面的高斯变异算子可能很大，因此对高斯变异算子的标准差做如下规范：如果 $\sigma_i^{(K)} > \dfrac{W}{4}$，则

$$\sigma_i^{(K)} = \left| \frac{W}{4} - \sigma_i^{(K)} \right| \tag{4-31}$$

其中，W 为待优化变量空间的宽度。重复使用式（4-31），直到满足 $\sigma_i^{(K)} < \dfrac{W}{4}$。

高斯多尺度变异算子随迭代次数的增加而改变，变异算子通过变异方差实现，不同尺度方差随迭代次数的变化如图 4-3 所示。大尺度的高斯变异能实现解空间的粗搜索，可在算法进化初期快速定位到最优解区域，而小尺度高斯变异能实现局部精确解的搜索，算法通过高斯多尺度变异能有效覆盖整个搜索空间的范围。

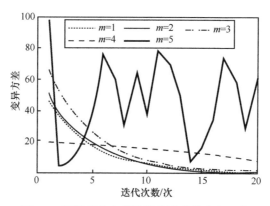

图 4-3 不同尺度方差随迭代次数的变化示意

为了在算法进化初期实现最大逃逸，加快算法的收敛速度，在执行完多尺度高斯变异后，再进行一次均匀变异，并与高斯变异结果比较，取适应值最好的位置作为新的逃逸点，能有效改善算法对未知搜索空间的勘探能力。其均匀变异算子实现如下。

$$\text{if}(v_{id} < T_d) \text{ then } \quad v_{id} = V_{\max} \text{rand} \tag{4-32}$$

其中，阈值 T_d 为粒子中第 d 维的当前速度阈值，其值恒大于零；rand 为在[0,1]范围内服从均匀分布的随机变量。

PSO 算法中，随着迭代次数的增加粒子群会收敛于群体中的最优个体，导致粒子群个体的多样性逐渐丧失。为了防止算法陷入局部极小点，上述算法通过变异操作改善种群多样性来提高算法的全局解搜索能力，然而在算法的后期，变异

操作往往会使粒子群不能进行精确的局部搜索，无法保证算法的收敛性能。因此，为实现勘探能力和开采能力之间的均衡，本章所用算法需等待速度小于一定阈值时，再进行速度的逃逸变异操作，描述如下。

$$\text{if}\quad v_{id} < T_d\ \text{then}$$

$$f(\sigma_i^{(k)}\text{randn}) = \min_{0 \leqslant j \leqslant M} f(\sigma_j^{(K)}\text{randn}) ;$$

$$\text{if}\quad f(\sigma_i^{(k)}\text{randn}) < f(V_{\max}\text{randn})$$

$$v_{id} = \sigma_i^{(K)}\text{randn} ,$$

$$\text{else}$$

$$v_{id} = V_{\max}\text{rand} ;\qquad\qquad（4\text{-}33）$$

然而，速度阈值的大小会影响算法的执行效果，阈值过大将导致种群发生混乱，不停进行变异逃逸会导致算法无法进行局部区域搜索，使开采能力下降；而阈值过小会导致粒子经过多次迭代也无法达到逃逸条件，不能有效提高算法搜索速度。下面给出一个自适应的阈值设定方法。设粒子各维速度间相互独立，给予每维速度一个阈值，当有过多粒子速度达到这个值时，该阈值自动下降，通过自动调整每一维速度的阈值来控制粒子逃逸行为，如图 4-4 所示。

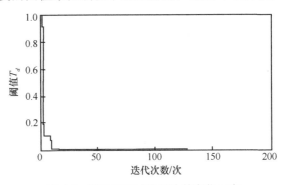

图 4-4　某维阈值随迭代次数变化示意

计算式描述如下

$$F_d(t) = F_d(t-1) + \sum_{i=1}^{\text{Size}} b_{id}(t)\qquad\qquad（4\text{-}34）$$

其中，$b_{id}(t) = \begin{cases} 0, & v_{id}(t) > T_d \\ 1, & v_{id}(t) < T_d \end{cases}$

$$\text{if} \quad F_d(t) > k_1 \quad \text{then} \quad F_d(t) = 0; \quad T_d = \frac{T_d}{k_2} \tag{4-35}$$

其中，频率 $F_d(t)$ 记载种群第 d 维速度曾发生变异的次数；k_1 表示在速度阈值 T_d 下，第 d 维速度变异频率 $F_d(t)$ 的判决条件值；常数 k_2 控制第 d 维速度阈值下降的幅度。算法通过限制粒子速度变异逃逸行为的方式，有效协调算法全局勘探能力和局部开采能力。

4.3.3　多尺度逃逸算法的优化机理及收敛性分析

1）算法的优化机理分析

为了说明算法多尺度逃逸的机理，假设存在一个自变量 x 的优化函数 $f(x)$，如图 4-5 所示。

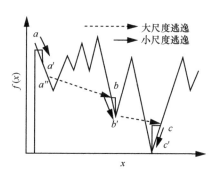

图 4-5　自适应多尺度逃逸优化机理

PSO 算法中种群的某一个粒子经过前期多次迭代后到达 a 点，维度达到变异逃逸条件后，开始执行多尺度逃逸，粒子经过进化在山坡下寻找到个体 a'，又经过 PSO 算法进化后到 a''，在该点陷入局部解，无法通过简单 PSO 算法进化改变逃逸。此时启动多尺度变异逃逸机制，但是仅执行小尺度变异已无法逃逸该局部最优解，因此经过大尺度变异后逃逸到适应值更高的粒子 b，进而使粒子 b 被选入下一代；经过 PSO 若干代进化后，找到粒子 b'；粒子 b' 经过大尺度逃逸后跳到粒子 c，则 c 被选入下一代；经过 PSO 进化和小尺度逃逸后最终找到最优解 c'。由此可见，通过不同尺度逃逸使算法快速收敛到最优解。

2）算法的收敛性分析

定义 4-2　如果对于任意的初始状态 X_0，均有

$$\lim_{K \to \infty} P\left\{ \vartheta(X(K)) \geq 1 \,\middle|\, X(0) = X_0 \right\} = 1 \tag{4-36}$$

则称算法以概率 1 收敛。

定理 4-1　自适应多尺度逃逸粒子群算法以概率 1 收敛。

证明　记 $P_0(K) = P\{\vartheta(X(K)) = 0\}$，由贝叶斯条件概率式有

$$P_0(K+1) = P\{\vartheta(X(K+1)) = 0\} =$$
$$P\{\vartheta(X(K+1)) = 0 | \vartheta(X(K)) \neq 0\} P\{\vartheta(X(K)) \neq 0\} +$$
$$P\{\vartheta(X(K+1)) = 0 | \vartheta(X(K)) = 0\} P\{\vartheta(X(K)) = 0\} \quad (4\text{-}37)$$

由粒子群算法的保优性质可得

$$P\{\vartheta(X(K+1)) = 0 | \vartheta(X(K)) \neq 0\} = 0$$

则有

$$P_0(K+1) = P\{\vartheta(X(K+1)) = 0 | \vartheta(X(K)) = 0\} P_0(K) \quad (4\text{-}38)$$

又由变异选择操作的性质可知

$$P\{\vartheta(X(K+1)) > 0 | \vartheta(X(K)) = 0\} > 0 \quad (4\text{-}39)$$

记

$$\xi = \min_K P\{\vartheta(X(K+1)) > 0 | \vartheta(B(K)) = 0\}, \quad K = 0, 1, 2, \cdots$$

则有

$$P\{\vartheta(X(K+1)) > 0 | \vartheta(X(K)) = 0\} \geqslant \xi > 0 \quad (4\text{-}40)$$

可得

$$P\{\vartheta(X(K+1)) = 0 | \vartheta(X(K)) = 0\} =$$
$$1 - P\{\vartheta(X(K+1)) \neq 0 | \vartheta(X(K)) = 0\} \leqslant$$
$$1 - P\{\vartheta(X(K+1)) > 1 | \vartheta(X(K)) = 0\} \leqslant 1 - \xi < 1 \quad (4\text{-}41)$$

因此有

$$0 \leqslant P_0(K+1) \leqslant (1-\xi) P_0(K) \leqslant$$
$$(1-\xi)^2 P_0(K-1) \leqslant \cdots \leqslant \cdots \leqslant (1-\xi)^{K+1} P_0(0) \quad (4\text{-}42)$$

因为

$$\lim_{K \to \infty} (1-\xi)^{K+1} = 0, \quad 1 \geqslant P_0(0) \geqslant 0 \quad (4\text{-}43)$$

所以

$$0 \leqslant \lim_{K \to \infty} P_0(K) \leqslant \lim_{K \to \infty} (1-\xi)^{K+1} P_0(0) = 0 \quad (4\text{-}44)$$

故 $\lim\limits_{K\to\infty} P_0(0) = 0$ ，可得

$$\lim_{K\to\infty} P\left\{\vartheta(X(K)) \geqslant 1 \middle| X(0)=X_0\right\} =$$
$$1 - \lim_{K\to\infty} P\left\{\vartheta(X(K)) = 0 \middle| X(0)=X_0\right\} \geqslant$$
$$1 - \lim_{K\to\infty} P_0(K) = 1 \tag{4-45}$$

所以，$\lim\limits_{K\to\infty} P\left\{\vartheta(X(K)) > 1 \middle| X(0)=X_0\right\} = 1$。

定理 4-1 证毕。本章所应用的自适应多尺度逃逸粒子群算法以概率 1 收敛。

4.3.4 基于多尺度逃逸 PSO 联合参数多核支持向量机优化混沌预测

如果把一个具有混沌特性的时间序列看作由非线性动力学系统产生的，那么相空间重构就是用这个时间序列来恢复并刻画原非线性动力学系统的方法。它的基本思想是，系统中任何分量的演化都是由与之相互作用的其他分量决定的，因此这些相关分量的信息就隐藏在任意分量的发展过程中。为了重构一个等价的状态空间，只需要观察一个分量，并将其在某些固定的时延点上的测量作为新维处理，即可确定某个多维状态空间中的一点。假设混沌系统产生的单个分量的时间序列为 $x(1), x(2), \cdots, x(n)$ ，那么根据 Takens 嵌入定理，通过确定合适的时延 τ 和嵌入维度 m ，可将混沌时间序列重构为

$$X(n) = x(n), x(n+\tau), \cdots, x(n+(m-1)\tau)$$

不难发现，相空间重构的优劣主要取决于时延和嵌入维度的好坏。

由上述分析可知，基于相空间多尺度 SVM 的混沌时间序列预测模型在进行预测时需要优化的参数包括：多尺度高斯核的线性加权权重、各种多尺度高斯核的参数、惩罚参数，以及时延和嵌入维度。

从以往的研究结果可知，对于 SVM 算法而言，线性加权权重、惩罚参数以及高斯核的参数对预测性能的影响均很大，且这些参数之间有一定的关联性，一般无法分别单独进行优化。对于基于相空间的时间序列预测算法而言，时延和嵌入维度对预测结果的影响也较大。然而，一般的基于相空间 SVM 的混沌时间预测方法通常将相空间重构参数和 SVM 算法参数分开优化，这样就无法保证参数同时达到最优。为了获得最优的混沌时间序列预测结果，需要对上面的参数进行联合，以使其同时达到最优。

为了同时优化上述参数，需要首先对这些变量进行编码。这里采用实数编码方式，其 PSO 算法的粒子表达方式如图 4-6 所示。其中，时延、嵌入维度、惩罚参数为单个数值，权向量、核参数为多个数值。

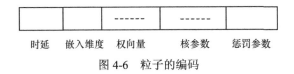

图 4-6　粒子的编码

1）个体适应度的确定

由于基于多尺度逃逸 PSO 算法最终搜索的目的是得到最优化的联合向量，提高 SVM 算法的混沌时间预测的精度，减少预测误差，因此，个体适应度设置与最终模型的预测能力有关。本章采用 5 次交叉验证得到预测正则化均方根差 E_{NRMSE} 的平均值。

$$E_{\mathrm{RMSE}_i}(T_i) = \sqrt{\frac{1}{n}\sum_{i=1}^{n}(y_i - \hat{y}_i)^2}$$

$$E_{\mathrm{NRMSE}_i}(T_i) = \frac{E_{\mathrm{MSE}_i}(T_i)}{\sigma}$$

$$E_{\mathrm{NRMSE}} = \frac{1}{K}\sum_{i=1}^{K}E_{\mathrm{NRMSE}_i}(T_i) \tag{4-46}$$

其中，σ 是待预测混沌时间序列的标准差。

如图 4-7 所示，5 次交叉验证方法首先将训练样本集分成 5 个样本子集，每个子集的训练样本数目相等。再将这 5 个子集分为 4 个训练样本子集以及一个评估样本子集，每一次利用这 4 个训练样本子集对 SVM 算法进行训练。然后利用评估样本子集计算预测正则化均方根差。最后计算 5 次得到的预测正则化均方根差的平均值，作为个体适应值。

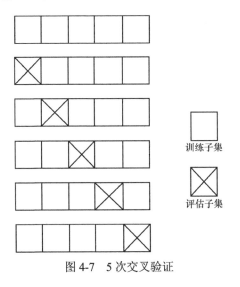

图 4-7　5 次交叉验证

2）基于多尺度逃逸 PSO 多核混沌参数联合优化步骤

步骤 1 进行变量初始化。设置惯性权重的初始值 w_{max}，变化步长 w_v，最终惯性权重 w_{min}（这里设置 w_{min} 随迭代进行而线性减小，以便改善算法的收敛能力），种群个数 SwarmSize，优化变量的范围，认知部分（代表粒子对自身的学习）和社会部分（代表着粒子间的协作）学习因子 c_1 和 c_2，当前迭代次数 k，算法的最大迭代次数 k_{max}，以及各种维度速度的初始阈值 T_d，各个维度小于阈值的次数 F_d。K_1 为速度小于 T_d 的次数，K_2 为阈值 T_d 的调整步长。初始化多尺度高斯变异算子的方差。

步骤 2 对粒子进行编码，并根据各个优化变量的范围初始化粒子种群，计算粒子的适应度。

步骤 3 比较每个粒子适应度值和它经历过的最好位置 pBest 以及群体经历最好位置 gBest 的适应度值。

步骤 4 进入循环，利用线性计算式设置惯性权重 w_i。

步骤 5 根据 PSO 算法的计算式更新粒子速度和位置，并检查各种优化变量的合法范围。

步骤 6 比较更新前后的粒子位置对应适应值，利用 PSO 算法的粒子位置更新计算式产生更优粒子。

步骤 7 判断各维速度是否满足阈值 T_d，进行多尺度高斯变异和均匀变异，计算各种变异后的粒子的适应值，并比较变异前后的粒子适应值，更新最优粒子。

步骤 8 更新多尺度高斯变异算子的方差，记录满足速度阈值的次数 F_d，并判断 F_d 是否满足 K_1，对 T_d 进行更新。

步骤 9 若达到终止条件（达到最大迭代次数）则结束，否则转至步骤 4。

为了方便利用多尺度核 SVM 算法对混沌时间序列进行预测，并提高预测精度，需要对时间间隔和嵌入维度、权重、核参数、惩罚参数联合向量进行优化，利用多尺度变异 PSO 算法对其进行优化。其中，联合向量的初始化范围为 {[1, 10] [1, 10] [0, 1] [0, 1] [0, 1] [0, 1] [0, 2] [2, 4] [4, 8] [8, 16] [50, 1 000] }。T_d 设置为 [2, 2, 0.001, 0.001, 0.001, 0.001, 0.01, 0.01, 0.02, 0.02, 2]。由于时延和嵌入维度为整数，设置较小没有意义，因此需要这两个维度的速度阈值设置较大；为了防止变异过于频繁，其他维度的速度应设置较小，以有效调整算法的勘探和开采能力。

算法的流程如图 4-8 所示。

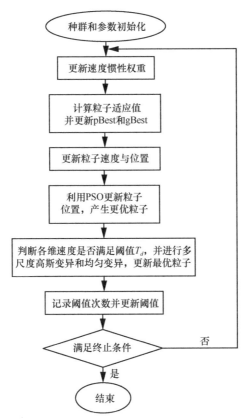

图 4-8　多尺度变异 PSO 联合参数优化流程

🔍 4.4　测试分析与比较

4.4.1　Lorenz 混沌时间序列

为了验证本章算法的预测性能，首先采用著名的三维自治非线性动力系统之一的 Lorenz 吸引子，它主要用于流体湍流建模问题。它的动力学方程模型描述如下

$$\frac{\mathrm{d}x(t)}{\mathrm{d}t} = -\sigma x(t) + \sigma y(t)$$

$$\frac{\mathrm{d}y(t)}{\mathrm{d}t} = r x(t) - y(t) - x(t)z(t)$$

$$\frac{\mathrm{d}z(t)}{\mathrm{d}t} = x(t)y(t) - \frac{bz(t)}{3} \tag{4-47}$$

其中，参数 $(\sigma, r, b) = (10, 28, 8)$，此时系统呈现混沌状态。首先，对构成这一系统的一个状态变量 $x(t)$ 的混沌时间序列进行单步预测。这里设系统的初始状态变量 x, y, z 为[1,2,3]，采用四阶五级龙格–库塔（Runge-Kutta）方法对其进行求解，设置步长为[0,0.01,100]，得到时间序列 $x(n)$ 的数值解。然后，利用本章多尺度逃逸 PSO 算法对联合参数向量进行优化。预测模型的多尺度高斯变异 SVM 算法采用 4 个 RBF 核，参数设置如下：种群个数为 10，迭代次数为 500，$c_1 = 1.4$，$c_2 = 1.4$，$w_{start} = 0.95$，$w_{end} = 0.4$，$w_{var} = 0.15$；$K_1 = 5$，$K_2 = 10$。基本 PSO 算法参数同上。最优个体适应值与迭代次数的变化以及与基本 PSO 算法的比较如图 4-9～图 4-11 所示。

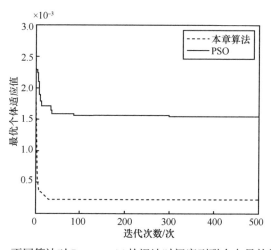

图 4-9 不同算法对 Lorenz $x(n)$ 的混沌时间序列联合向量的最优值

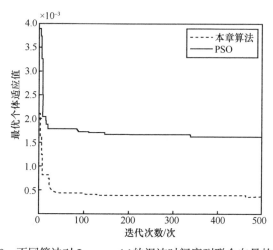

图 4-10 不同算法对 Lorenz $y(n)$ 的混沌时间序列联合向量的最优值

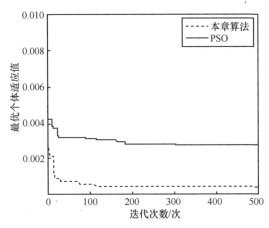

图 4-11　不同算法对 Lorenz $z(n)$ 的混沌时间序列联合向量的最优值

由图 4-9～图 4-11 可知，基本 PSO 算法极易陷入局部最优解，随着迭代次数的增加仍无法逃逸出局部最优解。而本章算法由于采用了多尺度变异能够很快逃逸出这些局部极值点，实现最优解区域的准确定位，能在短时间找到正确的搜索方向，并具有较快的下降速度，可利用很少的迭代次数即完成最优值的寻找。

两种算法得到的最优向量如表 4-1 所示。

表 4-1　Lorenz 序列的最优联合向量值对比

变量	算法	间隔	维度	权重	核参数	惩罚值
$x(n)$	PSO	2	3	[0.34, 0.21, 0.085, 0.36]	[6.6, 8.2, 7.3, 3]	10
	本章算法	2	2	[0.01, 0.3, 0.3, 0.39]	[1.9, 3.8, 7, 10]	949
$y(n)$	PSO	2	2	[0.003 7, 0.33, 0.21, 0.46]	[1.8, 3.7, 4.9, 9]	10
	本章算法	2	2	[0.21, 0.3, 0.23, 0.27]	[4.3, 7.8, 3.2, 6.1]	913
$z(n)$	PSO	2	2	[0.24, 0.28, 0.31, 0.17]	[3.9, 9.3, 6.4, 4.9]	10
	本章算法	2	2	[0.004 9, 0.18, 0.28, 0.53]	[1.9, 3.5, 6.8, 12]	873

为了方便对各种算法的预测结果进行比较，设置相空间 $m=2$，$\tau=2$。为了消除暂态影响，从第 5 001 时间序列开始取值，训练样本选取 500 个，即[5 005, 5 504]，测试样本为 1 500 个序列值。本章算法中 LS-SVM 参数设置如下：核函数为 RBF 高斯核，其中核宽度 $\sigma=\sqrt{3}$，惩罚因子 $\gamma=8\,500$。为了进行性能比较，本章采用目前流行的 GP 模型、LS-SVM、ε-SVR、ν-SVR，以及 RBF-NN 作为对比算法。其中，3 个支持向量机算法均采用高斯核，ε-SVR 的核参数为 $\sqrt{2.2}$，

惩罚因子 $C = 3$, $\varepsilon = 0.01$；v-SVR 算法的 $v = 0.5$，其他参数同 ε-SVR 算法，LS-SVM 与本章算法设置相同。RBF-NN 采用 150 个隐层中心。GP 模型采用常规高斯核函数。

图 4-12 为采用本章算法对 Lorenz 序列 $x(n)$ 混沌时间序列预测值和真实值的比较，为了方便显示，将取值范围缩减为[5 005, 7 004]。其中各个点的预测误差分布如图 4-13 所示。不难发现，无论是训练数据还是测试数据其单步预测的结果与真实值都很好地吻合。

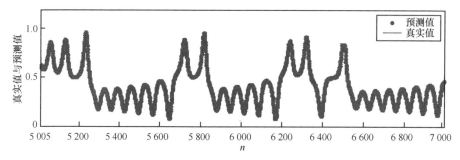

图 4-12　Lorenz $x(n)$ 混沌时间序列实际输出和单步预测输出

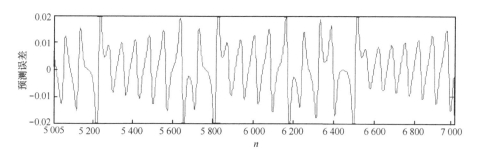

图 4-13　Lorenz 混沌时间序列预测误差分布

表 4-2 给出了本章算法与其他混沌时间序列预测方法的预测性能的比较。从比较结果可以看出，本章算法在训练集以及测试集上都表现出成功的预测效果和稳健性。这是由于多尺度核函数比单核函数更具有灵活性，利用大尺度核函数能更适应拟合决策函数的平滑区域，而利用小尺度核函数则更适合拟合决策函数变化较为剧烈的区域。单核函数方法则仅能利用一个尺度来拟合决策函数的平滑部分和变化剧烈部分，单核函数的参数如果设置过高，则大尺度核容易造成对决策函数欠拟合的情况；而设置过低，又容易出现过拟合现象。多尺度核能较好地中和单核尺度过大、尺度过小的弊端，较好地解决欠拟合与过拟合问题，并不易出现偏差。

表 4-2　本章算法与其他算法对 Lorenz 时间序列 $x(n)$ 单步预测的预测性能比较

预测模型	训练集		测试集	
	E_{RMSE}	E_{NRMSE}	E_{RMSE}	E_{NRMSE}
GP	0.007 06	1.157×10^{-4}	0.034 5	5.659×10^{-4}
ε-SVR	0.007 02	1.149×10^{-4}	0.072 23	0.001 182
ν-SVR	0.032 30	5.288×10^{-4}	0.126 5	0.002 072
LS-SVM	0.011 64	$1.906 8 \times 10^{-4}$	0.056 38	$9.230 7 \times 10^{-4}$
RBF-NN	0.025 45	$4.165 5 \times 10^{-4}$	0.073 32	0.001 20
PSO-SVM	0.032 97	$5.398 3 \times 10^{-4}$	0.069 86	0.001 143
MSEPSO-LSSVM	0.006 79	$1.113 0 \times 10^{-4}$	0.023 3	$3.821 7 \times 10^{-4}$

接下来选择 Lorenz 系统中的另两个状态变量 $y(t)$ 和 $z(t)$ 的混沌时间序列进行单步预测，训练和测试时间序列样本的生成方法同上，时间间隔和嵌入维度设置如表 4-1 所示。实验结果如图 4-14～图 4-17 所示。

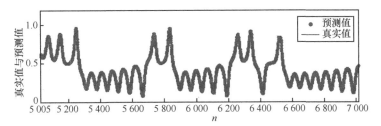

图 4-14　Lorenz $y(n)$ 混沌时间序列实际输出和单步预测输出

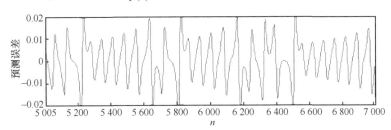

图 4-15　Lorenz $y(n)$ 混沌时间序列预测误差分布

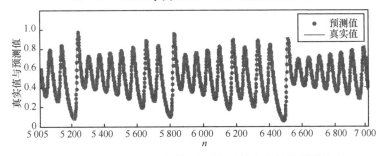

图 4-16　Lorenz $z(n)$ 混沌时间序列实际输出和单步预测输出

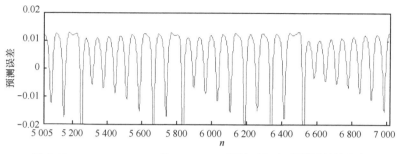

图 4-17　n=5 005～7 004 的 Lorenz $z(n)$ 混沌时间序列预测误差分布

图 4-14 显示的是[5 005, 7 004]的预测结果，图 4-15 为预测误差的绝对值。不难看出，对于第二、第三个状态变量而言，本章算法同样表现出了良好的拟合效果。表 4-3 和表 4-4 给出了本章算法与其他算法的性能比较，同样在 $y(t)$ 混沌时间序列的单步预测效果上也优于其他算法。

表 4-3　本章算法与其他算法对 Lorenz 时间序列 $y(n)$ 单步预测的预测性能比较

预测模型	训练集		测试集	
	E_{RMSE}	E_{NRMSE}	E_{RMSE}	E_{NRMSE}
GP	0.007 512	$9.608\ 1\times10^{-5}$	0.009 97	$1.275\ 2\times10^{-4}$
ε -SVR	0.007 041	9.005×10^{-5}	0.045 284	$5.791\ 6\times10^{-4}$
ν -SVR	0.031 31	$4.004\ 8\times10^{-4}$	0.085 26	$0.001\ 09$
LS-SVM	0.010 547	$1.349\ 0\times10^{-4}$	0.037 63	$4.813\ 8\times10^{-4}$
RBF-NN	0.053 9	6.895×10^{-4}	0.055 7	$7.120\ 9\times10^{-4}$
PSO-SVM	0.035 02	$4.479\ 8\times10^{-4}$	0.069 62	$8.903\ 8\times10^{-4}$
MSEPSO-LSSVM	0.006 830	$8.735\ 8\times10^{-5}$	0.008 299	$1.061\ 5\times10^{-4}$

表 4-4　本章算法与其他算法对 Lorenz 时间序列 $z(n)$ 单步预测的预测性能比较

预测模型	训练集		测试集	
	E_{RMSE}	E_{NRMSE}	E_{RMSE}	E_{NRMSE}
GP	0.007 178	$1.024\ 5\times10^{-4}$	0.007 53	$1.074\ 6\times10^{-4}$
ε -SVR	0.007 09	$1.012\ 1\times10^{-4}$	0.008 98	$1.281\ 8\times10^{-4}$
ν -SVR	0.216 37	$0.003\ 088$	0.227 16	$0.003\ 242$
LS-SVM	0.007 307	$1.042\ 9\times10^{-4}$	0.008 85	$1.263\ 7\times10^{-4}$
RBF-NN	0.007 27	1.037×10^{-4}	0.007 07	1.009×10^{-4}
PSO-SVM	0.041 086	$5.864\ 0\times10^{-4}$	0.045 49	$6.493\ 7\times10^{-4}$
MSEPSO-LSSVM	0.006 827	9.744×10^{-5}	0.006 553	9.352×10^{-5}

4.4.2　Hénon 混沌时间序列预测

著名学者 Hénon 于 1976 年提出一种二维映射方程，其表达式为

$$x(t+1) = y(t) - ax(t)^2 + 1, \ y(t+1) = bx(t) \tag{4-48}$$

当参数 $a = 1.4$ 和 $b = 0.3$ 时，该映射出现奇怪吸引子，即呈现混沌现象。此后，人们将由式（4-48）表示的映射称为 Hénon 映射。为了研究本章算法对 Hénon 映射的混沌时间序列的预测性能，分别对状态变量 $x(t)$ 和 $y(t)$ 进行单步预测。利用初始值[0.1,0.1]产生 10 000 个离散点，为了消除暂态影响，只选取 5 000 以后的离散时间序列点作为训练样本和测试样本。

首先，利用本章的基于多尺度逃逸多核 SVM 预测算法对联合向量进行优化，优化算法的参数设置同 4.4.1 节，其最优个体适应值与迭代次数的关系如图 4-18 和图 4-19 所示。可以看出，本章的优化算法得到的最优解比基本 PSO 算法得到的最优解更精确，且收敛速度要优于 PSO 算法。这是由于本章优化算法引入多尺度逃逸机制，因此具有很强的勘探和开采能力。两种优化算法得到的最优联合参数向量如表 4-5 所示。本章算法得到的重构相空间嵌入维度为 $m = 2$，时延为 $\tau = 2$。如上文所述取 $q = 4$ 构造 $x(n), y(n)$ 混沌时间序列的训练样本和测试样本集合。其中，训练样本数目为 200 个，取值区间为[5 005, 5 204]，测试样本数目为 1 000 个，待预测样本的取值区间为[5 205, 6 204]。本章算法及其他所有预测算法参数设置同 4.4.1 节。

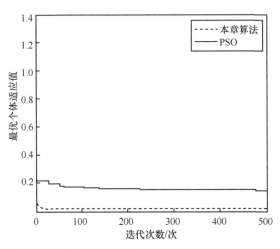

图 4-18　不同算法对 Hénon $x(n)$ 的混沌时间序列联合向量的最优值

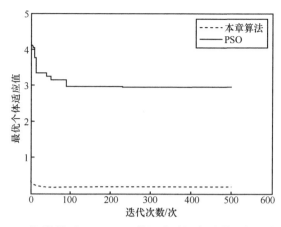

图 4-19　不同算法对 Hénon $y(n)$ 的混沌时间序列联合向量的最优值

表 4-5　Hénon 序列的最优联合向量值对比

变量	算法	间隔	维度	权重	核参数	惩罚值
$x(n)$	PSO	2	2	[0.11, 0.31, 0.43, 0.16]	[7.9, 6.5, 1, 3.7]	9
	本章算法	2	2	[0.71, 0.095, 0.064, 0.13]	[0.83, 2.4, 6.5, 12]	964
$y(n)$	PSO	4	2	[0.34, 0.22, 0.33, 0.12]	[8.3, 6, 1, 6.6]	7
	本章算法	2	2	[0.35, 0.28, 0.18, 0.19]	[0.22, 3.2, 4.7, 10]	811

　　两个状态变量 $x(n), y(n)$ 各点的预测值和实际输出结果以及预测误差如图 4-20～图 4-23 所示。其中，图 4-21 和图 4-23 分别为 Hénon 映射的 $x(n), y(n)$ 混沌的预测误差分布。从实验结果可以看出，无论是在训练样本集合还是在测试样本集合上，本章提出的预测算法对 Hénon 两个状态变量 $x(n)$ 及 $y(n)$ 的混沌时间序列的单步预测结果与实际输出都十分吻合，因此，该算法表现出很强的推广能力。表 4-6 和表 4-7 为本章算法与其他算法对两个状态变量混沌时间序列单步预测性能的对比。从对比结果可以看出，本章算法预测性能更强。这种较强的预测能力是由于本章算法的预测模型采用了更优的联合参数向量以及多尺度核导致的。

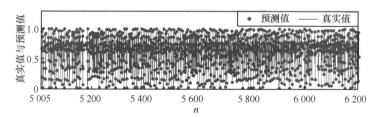

图 4-20　Hénon $x(n)$ 混沌时间序列实际输出和单步预测输出

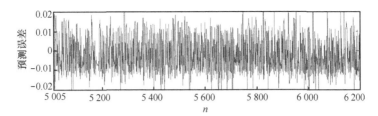

图 4-21　Hénon $x(n)$ 混沌时间序列预测误差分布

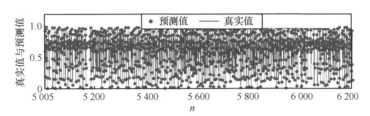

图 4-22　Hénon $y(n)$ 混沌时间序列实际输出和单步预测输出

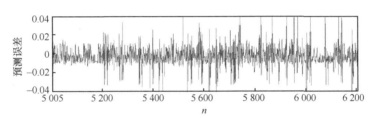

图 4-23　Hénon $y(n)$ 混沌时间序列预测误差分布

表 4-6　本章算法与其他算法对 Hénon 时间序列 $x(n)$ 单步预测的预测性能比较

预测模型	训练集		测试集	
	E_{RMSE}	E_{NRMSE}	E_{RMSE}	E_{NRMSE}
GP	0.010 93	0.021 01	0.012 7	0.024 2
ε -SVR	0.038 3	0.073 76	0.040 4	0.077 7
v -SVR	0.263 2	0.506 9	0.262 0	0.505
LS-SVM	0.009 97	0.019 16	0.088 7	0.170 85
RBF-NN	0.013 1	0.025 18	0.091 6	0.176 4
PSO-SVM	0.010 95	0.021 08	0.011 15	0.021 46
MSEPSO-LSSVM	0.009 78	0.018 8	0.010 29	0.019 82

表 4-7   本章算法与其他算法对 Hénon 时间序列 $y(n)$ 单步预测的预测性能比较

预测模型	训练集		测试集	
	E_{RMSE}	E_{NRMSE}	E_{RMSE}	E_{NRMSE}
GP	0.008 09	0.172 9	0.014 56	0.282 1
ε -SVR	0.048 85	1.045 0	0.058 2	1.247 0
ν -SVR	0.255 8	5.473 9	0.260 06	5.563
LS-SVM	0.008 19	0.175 30	0.015 35	0.285 28
RBF-NN	0.051	1.090 5	0.078 7	1.684 3
PSO-SVM	0.119 8	2.564	0.133 3	2.851 9
MSEPSO-LSSVM	0.007 642	0.163 4	0.013 33	0.258 3

4.4.3   Mackey-Glass 混沌时间序列的 6 步以及 80 步直接预测

著名的时滞非线性动力系统 Mackey-Glass 方程，其基本特征是系统随时间的演化不仅依赖系统的当前状态，也依赖其过去的状态。其数学模型表示为

$$\frac{dx(t)}{dt} = \frac{ax(t-s)}{1+x^c(t-s)} - bx(t) \tag{4-49}$$

其中，$a = 0.2$，$b = 0.1$，$c = 10$，s 是时滞参数。由于该方法主要描述白血病病人发病时，其血液中所含白细胞数量的变化情况，因此受到白细胞新陈代谢生理现象的影响，该系统呈现周期性和混沌性。如果 $s > 17$ 则系统呈现混沌状态，且 s 越大，其混沌化程度越高。为了得到离散的混沌时间序列，设置 $s = 30$，初始条件为 $x(0) = 0.1$，利用四阶龙格–库塔法求解式（4-49）的数值解得到 10 000 个时间序列点。为了从得到的时间序列中消除暂态影响，这里取从 5 000 点以后的 200 个时间序列为训练样本，1 000 个为测试样本。

利用本章优化算法对 Mackey-Glass 混沌时间序列的联合向量进行优化，优化后得到的单步预测的重构相空间嵌入维度为 $m = 6$，时延为 $\tau = 6$，6 步预测的重构相空间的嵌入维度为 $m = 7$，时延为 $\tau = 5$，80 步预测的重构相空间的嵌入维度为 $m = 9$，时延为 $\tau = 7$。针对不同步长预测的联合参数向量优化数值对比如图 4-24～图 4-26 所示，最终得到的最优值如表 4-8 所示。

不难看出，无论是针对单步预测还是多步预测模型的联合参数向量进行优化，本章算法的收敛速度和最优解的精度都优于基本 PSO 算法。为了便于比较，本章算法及其他预测算法的参数设置保持不变。

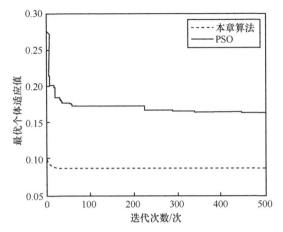

图 4-24　不同算法对 Mackey-Glass 单步混沌时间序列联合向量的最优值

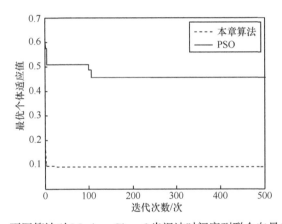

图 4-25　不同算法对 Mackey-Glass 6 步混沌时间序列联合向量的最优值

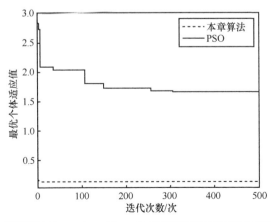

图 4-26　不同算法对 Mackey-Glass 80 步混沌时间序列联合向量的最优值

表 4-8　Mackey-Glass 序列的最优联合向量值对比

步长	算法	间隔	维度	权重	核参数	惩罚值
1	PSO	9	9	[0.16, 0.1, 0.47, 0.26]	[3.1, 3.8, 1.1, 2.1]	10
	本章算法	6	6	[0.44, 0.44, 0.061, 0.064]	[1.3, 2.4, 6.6, 10]	897
6	PSO	8	9	[0.26, 0.23, 0.26, 0.24]	[4.2, 7.9, 1, 1]	9
	本章算法	5	7	[0.77, 0.079, 0.075, 0.076]	[0.54, 3.1, 7, 11]	943
80	PSO	10	0	[0.19, 0.19, 0.3, 0.31]	[3.7, 5.6, 4.8, 1]	4
	本章算法	7	9	[0.43, 0.22, 0.17, 0.18]	[0.37, 2.5, 7.4, 9.6]	860

图 4-27 为本章算法对 Mackey-Glass 混沌时间序列单步预测值和实际真实值的对比结果，图 4-28 为预测误差的分布，为了显示方便，这里只显示了范围为[5 537, 6 036]的 500 个测试样本的预测结果。从结果可以直观地看出，本章算法的预测结果与真实值吻合较好。表 4-9 为本章算法与其他算法对 Mackey-Glass 混沌时间序列单步预测性能对比，可知本章算法的性能同样优于其他预测算法。

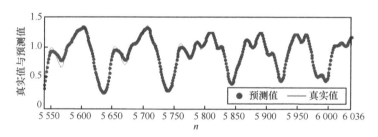

图 4-27　Mackey-Glass 混沌时间序列实际输出和单步预测输出

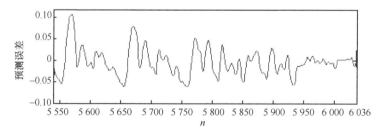

图 4-28　Mackey-Glass 混沌时间序列单步预测的预测误差分布

表 4-9　本章算法与其他算法对 Mackey-Glass 时间序列单步预测的预测性能比较

预测模型	训练集		测试集	
	E_{RMSE}	E_{NRMSE}	E_{RMSE}	E_{NRMSE}
GP	0.007 62	0.086 13	0.046 7	0.527 2
ε -SVR	0.007 950	0.089 75	0.101 94	1.150 9
ν -SVR	0.007 56	0.085 45	0.107 29	1.211 3
LS-SVM	0.007 72	0.087 23	0.087 2	0.984 8
RBF-NN	0.007 81	0.088 25	0.056 8	0.642
PSO-SVM	0.012 17	0.137 43	0.101 31	1.143 75
MSEPSO-LSSVM	0.007 50	0.084 75	0.037 90	0.427 9

为了验证本章算法提前多步时间间隔的混沌时间序列的预测性能，采用 $h=6$ 和 $h=80$ 的预测步长，即提前 6 步和提前 80 步进行预测，利用本章算法优化得到的重构相空间的参数设置为：嵌入维度 $m=7$，时延 $\tau=5$，则相应的基于相空间预测模型的训练样本输出形式如下

$$\hat{y}(t+h) = f(y(t-30), y(t-25), y(t-20), y(t-15), y(t-10), y(t-5), y(t))$$

本章算法对 Mackey-Glass 混沌时间序列提前 6 步的预测值和实际输出值的对比（$t=5\ 037\sim6\ 236$，取样间隔为 5）如图 4-29 所示，其各点的预测误差分布如图 4-30 所示。表 4-10 给出了本章算法与其他算法的预测性能比较，可以看出，本章算法的预测性能优于其他对比算法。

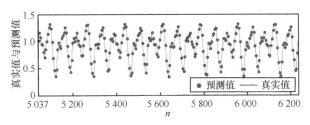

图 4-29　Mackey-Glass 混沌时间序列 6 步预测实际输出和 6 步预测输出

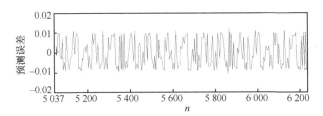

图 4-30　Mackey-Glass 混沌时间序列 6 步预测的预测误差分布

表 4-10　本章算法与其他算法对 Mackey-Glass 时间序列 6 步预测的预测性能比较

预测模型	训练集		测试集	
	E_{RMSE}	E_{NRMSE}	E_{RMSE}	E_{NRMSE}
GP	0.010 13	0.161 8	0.012 9	0.205 9
ε-SVR	0.015 20	0.242 8	0.015 77	0.251 8
ν-SVR	0.557 9	8.908 6	0.532 08	8.495 7
LS-SVM	0.008 213	0.131 15	0.008 42	0.134 47
RBF-NN	0.017 25	0.275	0.013 79	0.220 2
PSO-SVM	0.011 27	0.179 9	0.011 45	0.182 82
MSEPSO-LSSVM	0.007 943	0.126 8	0.008 043	0.128 42

从图 4-29 可以看出，无论是在训练集还是测试集上，基于本章算法的提前 6 步预测的结果与实际输出几乎相同，其微小的差异如图 4-30 所示只能在很小的数量级上体现出来。

接下来，将本章算法应用在 Mackey-Glass 混沌时间序列做提前 80 步，n 的取值为 5 111～6 310，其得到的预测结果与实际输出值的对比结果如图 4-31 所示，其各点的预测误差分布如图 4-32 所示。从图中可以看出，本章的预测算法得到的提前 80 步预测结果也和实际输出吻合得很好，该结果进一步说明章算法同样适合于多步预测，因此具有很强的推广性。

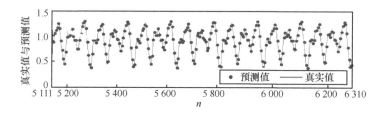

图 4-31　Mackey-Glass 混沌时间序列 80 步预测实际输出和 80 步预测输出

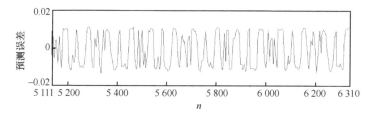

图 4-32　Mackey-Glass 混沌时间序列 80 步预测的预测误差分布

表 4-11 给出了本章算法同其他算法在 Mackey-Glass 混沌时间序列提前 80 步的预测性能对比。从表中可以看出，本章算法比其他支持向量机的预测效果要好，这是由于本章算法的参数选择是通过多尺度逃逸 PSO 优化算法训练学习后获得的，即所得的结果是经过参数优化后的结果，导致以此为参数的预测模型的性能较高；而其他支持向量机回归算法的参数固定或者是经过分步优化后得到的结果，导致以此为参数的预测模型性能并不理想。

表 4-11　本章算法与其他算法对 Mackey-Glass 时间序列 80 步预测的预测性能比较

预测模型	训练集		测试集	
	E_{RMSE}	E_{NRMSE}	E_{RMSE}	E_{NRMSE}
GP	0.011 15	0.178 0	0.017 62	0.281 3
ε -SVR	0.019 82	0.316 46	0.021 468	0.342 79
ν -SVR	0.101 208	1.615 9	0.103 27	1.648 93
LS-SVM	0.008 827	0.140 94	0.008 859	0.141 45
RBF-NN	0.016	0.255 5	0.147	2.347
PSO-SVM	0.056 997	0.910 07	0.058 863	0.939 87
MSEPSO-LSSVM	0.008 703	0.138 961	0.008 785	0.140 07

4.4.4　太阳黑子混沌序列预测

太阳黑子数是用来表明太阳总活动水平的一个指数。以往的研究表明太阳黑子数月平均数及年平均数是一个低维混沌时间序列，本章采用来自 NASA 的太阳黑子数据序列进行预测实验，其中对从 1749 年到 2014 年的月平均太阳黑子数进行混沌时间序列预测。取前 200 个时间序列值作为训练样本，后 1 000 个作为测试样本。通过本章多尺度逃逸 PSO 优化算法优化后得到的重构相空间的嵌入维度为 $m=1$，时延为 $\tau=3$，这里取 $q=3$ 生成训练样本和测试样本集合。图 4-33 为本章多尺度逃逸 PSO 优化算法和基本 PSO 优化算法的迭代最优联合向量结果比较，表 4-12 为两种不同优化算法对联合向量优化后的结果比较。

为了显示方便，这里只显示[503, 1002]范围的 500 个测试样本的预测结果。图 4-34 为本章算法针对太阳黑子月平均数单步预测结果与实际输出值的拟合关系，图 4-35 为其预测绝对误差的分布。从图中可以看出，本章算法对太阳黑子月平均数单步预测的吻合效果都很好。表 4-13 为本章算法与其他算法对太阳黑子月平均混沌序列的预测性能对比，不难看出本章算法的预测性能最优，PSO-LSSVM 优化算法由于 PSO 算法的自身缺陷极易陷入局部最优解，可能优化后得到的联合向量并不是最优解，因此以该联合向量为参数的模型预测性能提高的并不明显。改善基于优化算法的联合向量优化，求解模型中的优化算法自身寻优能力是十分必要的，这也是联合参数向量优化算法能有效提升多核 SVM 算法预测性能的关键。

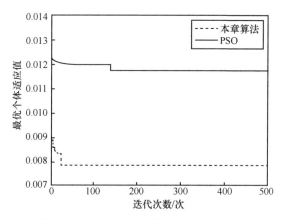

图 4-33　不同算法对太阳黑子数混沌序列单步预测联合向量的最优值

表 4-12　不同优化算法的太阳黑子数序列最优联合向量值

算法	间隔	维度	权重	核参数	惩罚值
PSO	5	4	[0.79, 0.092, 0.001 9, 0.12]	[4.5, 5.7, 6, 8.3]	10
本章算法	3	1	[0.32, 0.29, 0.006 2, 0.38]	[1.2, 3.1, 6.1, 15]	407

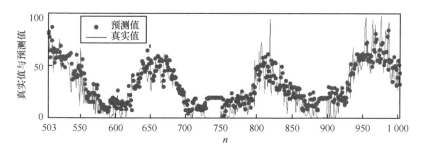

图 4-34　太阳黑子月平均数混沌时间序列单步预测实际输出和单步预测输出

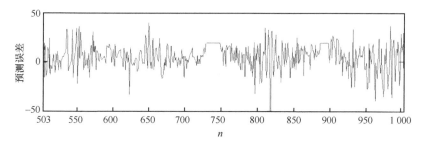

图 4-35　太阳黑子月平均混沌时间序列单步预测的预测误差分布

表 4-13　本章算法与其他算法对太阳黑子月平均时间序列单步预测的预测性能比较

预测模型	训练集		测试集	
	E_{RMSE}	E_{NRMSE}	E_{RMSE}	E_{NRMSE}
GP	0.120 7	$6.201×10^{-5}$	35.57	0.018 27
ε -SVR	22.209	0.011 41	44.043	0.022 63
v -SVR	24.443 3	0.012 56	43.357	0.022 28
LS-SVM	0.125 1	$6.431 7×10^{-5}$	43.445 6	0.022 33
RBF-NN	0.367	$1.886×10^{-4}$	43.897	0.022 55
PSO-SVM	2.233 58	0.001 148	43.443 6	0.022 32
MSEPSO-LSSVM	0.111 0	$5.705 6×10^{-5}$	32.022 3	0.016 45

4.5　本章小结

　　本章针对单核 SVM 混沌预测模型的弊端，提出一种基于多尺度核的混沌时间序列预测方法。由于多核函数在解决一些复杂函数分类和回归问题时，具有自适应和灵活性等特点，因此已成为目前核机器学习领域关注的研究方向，特别是为多核矩阵的融合提供了多种更优性能的解决途径。作为多核方法的一种特殊情形，多尺度核方法具有更加统一的核空间计算模式，参数设置简单，因此在各种核学习应用领域中被广泛采用。最初核参数的学习策略采用的多尺度核序列学习，即多次采用（多核的个数）二次规划运算，虽然在一些情况下，通过多核尺度的合理选择，该学习方法得到的支持向量个数可能会少于同参数单尺度核方法，但由于该方法支持向量是多次累积的结果，因此支持向量的数量在大部分情况下都是增加的，使该算法的学习速度有所降低。多尺度核参数学习方法是考虑将多尺度核进行整体优化，采用更快速的半正定规划求解方法加以解决。基于核目标度量的多核权重求取方法能自适应获取核函数的加权系数。本章在综合分析上述学习方法的基础上，考虑到与预测模型其他待优化参数联合优化，提出一种基于 PSO 智能优化算法的多核参数、相空间参数以及核参数向量和惩罚函数联合向量优化方法，弥补了以往经验选取和分步优化参数的不足，该方法获得的联合优化向量能使预测模型获得更优的预测精度，同时提升决策函数的表示能力和稳定性。

参考文献

[1]　VAPNIK V N. The nature of statistical learning theory[M]. Berlin: Springer-Verlag, 1995.

[2] 张学工. 关于统计学习理论与支持向量机[J]. 自动化学报, 2000, 26(1): 32-42.

[3] SMOLA A J, SCHOLKOPF B. A tutorial on support vector regression[J]. Statistics and Computing, 2004, 14(3): 199-222.

[4] SMOLA A, SCHOLKOPF B, RATSCH G. Linear programs for automatic accuracy control in regression[C]//The 9th International Conference on Artificial Neural Networks. Piscataway: IEEE Press,1999: 575-580.

[5] LANCKRIET G R G, CRISTIANINI N, BARTLETT P, et al. Learning the kernel matrix with semidefiniteprogramming[J]. Journal of Machine Learning Research, 2004, 11(5): 27-72.

[6] GUSTAVO C V, LUIS G C, JORDI M M, et al. Composite kernels for hyperspectral image classification[J]. IEEE Transactions on Geoscience and Remote Sensing Letters, 2006, 3(1): 93-97.

[7] ZHENG D N, WANG J X, ZHAO Y N. Non-flat function estimation with a multi-scale support vector regression[J]. Neurocomputing, 2006, 70(1-3): 420-429.

[8] SCHOELKOPF B, SMOLA A, MULLER K R. Nonlinear componentanalysis as a kernel eigenvalue problem[J]. Neural Computation, 1998, 10(5): 1299-1319.

[9] SCHOLKOPF B, MIKA S, BURGES C J C, et al. Input space versus feature space in kernel-based methods[J]. IEEE Transactionson Neural Network, 1999, 10(5): 1000-1017.

[10] MULLER K R, MIKA S, RATSCH G, et al. An introduction to kernelbased learning algorithms[J]. IEEE Transactions on Neural Networks, 2001, 12(2): 181-201.

[11] AIZERMAN A, BRAVERMAN E M, ROZONER L I. Theoreticalfoundations of the potential function method in patternrecognition learning[J]. Automation and Remote Control, 1964, 25(5): 821-837.

[12] CRISTIANINO N, SHAWE-TAYLOR J. An introduction to support vector machines and other kernel-based learning methods[M]. Cambridge: Cambridge University Press, 2000.

[13] SMOLA A, SCHOLKOPF B. A tutorial on support vector regression[J]. Statistics and Computing, 2004, 14(3): 199-222.

[14] 汪洪桥, 孙富春, 蔡艳宁, 等. 多核学习方法[J]. 自动化学报, 2010, 36 (8): 1037-1050.

[15] LEWIS D P, JEBARA T, NOBLE W S. Nonstationary kernel combination[J]. The 23rd International Conference on Machine Learning. New York: ACM Press, 2006: 553-560.

[16] ONG C S, SMOLA A J, WILLIAMSON R C. Learning the kernel with hyperkernels [J]. The Journal of Machine Learning Research, 2005, 6(7): 1043-1071.

[17] ALE X, SHENG S O. Multiclass multiple kernel learning[C]//The 24th International Conference on Machine Learning. New York: ACM Press, 2007: 1191-1198.

[18] GÖNEN M, ALPAYDIN E. Localized multiple kernel learning[C]//The 25th International Conference on Machine Learning. New York: ACM Press, 2008: 352-359.

[19] KENNEDY J, EBERHART R. Particle swarm optimization[C]// International Conference on Neural Networks. Piscataway: IEEE Press, 1995: 1942.

[20] SHI Y H, EBERHZRT R. A modified particle swarm optimizer[C]//Proceedings of IEEE International Conference on Evolutionary Computation. Piscataway: IEEE Press, 1998: 67-73.

[21] PARSOPOULOS K E, VRAHATIS M N. On the computation of all global minimizers through particle swarm optimization[J]. IEEE Transactions on Evolutionary Computation. 2004, 8(3): 211-224.

[22] TRELEA I C. The particle swarm optimization algorithm: convergence analysis and parameter selection[J]. Information Processing Letters. 2003, 85(9): 317-325.

[23] MENDES R, KENNEDY J, NEVES J. The fully informed particle swarm: simpler, maybe better[J]. IEEE Transactions on Evolutionary Computation, 2004, 8(6): 204 -210.

[24] BERGH F, ENGELBRECHT A P. A cooperative approach to particle swarm optimization[J]. IEEE Transactions on Evolutionary Computation. 2004, 8(3): 1-15.

[25] XIE X F, ZHANG W J, YANG Z L. A dissipative particle swarm optimization[C]//The IEEE International Conference on Evolutionary Computation. Piscataway: IEEE Press, 2002: 1456-1461.

[26] 陶新民, 刘福荣, 刘玉, 等. 一种多尺度协同变异的粒子群优化算法[J]. 软件学报, 2012, 23(7): 1805-1815.

第5章
混沌时间序列抵抗预测方法

🔍 5.1 引言

  混沌的初值敏感性使混沌密码技术成为信息科学与技术领域的研究热点。伴随着混沌保密通信的不断发展，一些针对混沌保密通信攻击与破译方法层出不穷[1-5]，给混沌保密通信的安全性带来了巨大挑战。由前几章的分析可以看出，由于混沌时间序列具有内随机性，使混沌的短期预测存在可能，随着预测方法的不断改进，预测精度也会不断提高。特别是 1994 年开始，Short 等[6-8]改进并提高了非线性的预测精度和稳健性，成功地运用非线性预测方法破译了由连续混沌构成的保密通信系统。2001 年，陶超等[9]改进了 Short 破译连续混沌系统保密通信的方法，推广了非线性预测方法，使之能够破译离散混沌系统保密通信。

  真正用于加密的混沌系统并非理论上的混沌系统，而是在计算机系统下形成的数字混沌。由于数字混沌是在有限精度下进行的，导致混沌系统特性的退化，即输出序列具有较强的自相关性，进而出现了短周期现象[10-11]，这大大提高了系统被预测的可能，给混沌保密通信技术带来了极大的安全隐患。为了解决混沌系统的退化现象，饶妮妮[12]提出了将 Logistic 混沌序列与 m 序列以异或方式结合形成一类混合混沌序列的方法，并对混合混沌序列的周期性、相关性和线性复杂度进行了分析，获得了性能较好的伪随机序列。李孟婷等[13]提出了一种多级混沌映射交替变参数的伪随机序列产生方法，该方法通过改变 Logistic 映射的混沌迭代值汉明重量来控制二维 Hénon 映射的输出值，最终提高了伪随机序列的随机性。李彩虹等[14]通过对 Logistic 序列进行反正弦和反余弦变换提高了序列的随机性。田澍等[15]提出了一种超混沌序列生成方法，四阶超混沌系统生成的混沌序列与低维超混沌序列相比，提高了混沌序列的随机性。以上方法大多侧重于改变系统，生成随机性好的伪随机序列，本章所提方法是在原有序列的基础上进行一定的统计变换，进而提高序列的随机性。

　　本章首先对混沌序列产生自相关性的原因进行分析，并应用统计学的方法对产生的序列进行去相关处理。目前常见的去除序列相关性的方法主要有奇异值分解（SVD）、离散余弦变换（DCT）和 K-L 变换等。通过对不同的去相关方法进行比较，鉴于 K-L 变换最优变换的特点，并且 K-L 变换方法去除相关性的效果非常好，因此本章选择应用相空间重构 K-L 变换的方法对序列进行去相关变换。实验结果表明，采用这种方法能够降低混沌序列之间的相关性，并且能够增大混沌序列的周期，弥补了数字混沌短周期现象。但该方法也有一个缺陷，就是产生的序列长度受到了计算机位数的限制，不能够产生很长的序列。基于此，本章提出了双重 K-L 变换方法，该方法不仅能够降低序列之间的相关性，增大混沌时间序列的周期，同时序列的长度也得到了增加。

🔍5.2　序列自相关分析与去除法

　　Logistic 映射的数学表达式如式（5-1）所示。

$$x_{n+1} = \mu x_n(1-x_n), \quad \mu \in (0,4), \quad x_n \in (0,1) \tag{5-1}$$

　　混沌系统在进行叠加运算时，由于计算机精度的限制，需要在式（5-1）上加一个截断误差项，每次叠加截断误差项是不同的，假设第 i 次叠加截断误差项为 δ_i，则数学模型可以写成式（5-2）的形式。

$$x_{i+1} + \delta_{i+1} = \mu(x_i + \sigma_i)(1-(x_i + \delta_i)), \quad \mu \in (0,4), \quad x_i \in (0,1), \quad i = 1,2,\cdots \tag{5-2}$$

　　混沌系统迭代第 i 次和第 j 次的序列的协方差如式（5-3）所示。

$$
\begin{aligned}
&\mathrm{Cov}((x_{i+1} + \delta_{i+1}),(x_{j+1} + \delta_{j+1})) = \\
&E(x_{i+1} + \delta_{i+1})(x_{j+1} + \delta_{j+1}) - E(x_{i+1} + \delta_{i+1})E(x_{j+1} + \delta_{j+1}) = \\
&E(x_{i+1}x_{j+1} + \delta_{i+1}\delta_{j+1} + \delta_{i+1}x_{j+1} + \delta_{j+1}x_{i+1}) - E(x_{i+1})E(x_{j+1}) - \\
&E(\delta_{i+1})E(\delta_{j+1}) - E(\delta_{i+1})E(x_{j+1}) - E(\delta_{j+1})E(x_{i+1}) = \\
&\mathrm{Cov}(x_{i+1},x_{j+1}) + \mathrm{Cov}(\delta_{i+1},\delta_{j+1}) + \mathrm{Cov}(x_{i+1},\delta_{j+1}) + \mathrm{Cov}(x_{j+1},\delta_{i+1})
\end{aligned}
\tag{5-3}
$$

　　由于截断误差 δ_{i+1} 与 x_{j+1} 之间、截断误差之间并不是相互独立的，因此有

$$\mathrm{Cov}((x_{i+1} + \delta_{i+1}),(x_{j+1} + \delta_{i+1})) \neq \mathrm{Cov}(x_{i+1},x_{j+1}) \tag{5-4}$$

　　混沌系统在进行数字计算的过程中，由于截断误差的存在使连续的相空间离散化为有限的状态空间，造成了混沌系统的退化，最终演化成周期轨道，这样序

列之间就产生了自相关性。自相关性很强的序列周期会很短，不适合应用到混沌加密系统中。因此，去除序列的相关性就是下一步需要解决的问题。

近年来，在信号处理领域去除序列相关性主要应用主成分分析（PCA）、奇异值分解（SVD）、离散余弦变换（DCT）与 K-L 变换方法。在这些方法中，离散余弦变换是最容易实现的方法，K-L 变换方法是去相关效果最好的方法。本章应用 K-L 变换的方法去除离散混沌序列的相关性。

5.3 基于相空间重构 K-L 变换的混沌序列相关性去除法

5.3.1 K-L 变换原理

K-L 变换（Karhunen-Loeve Transform）又称霍特林（Hotelling）变换，它是建立在统计特性基础上的一种变换。由于 K-L 变换能够将离散信号变换成一串不相关的信号，因此 K-L 变换能彻底去除信号中的相关性，具有极佳的统计特性，是均方误差（Mean Square Error，MSE）意义下的最佳变换。K-L 变换在数据压缩和图像旋转技术与特征提取等领域中占有重要的地位。

K-L 变换思想为，寻求正交矩阵 A，使变换后信号对应的协方差矩阵为对角阵。

对于均值为 μ_x 的平稳随机向量 x，协方差矩阵定义为

$$C_x = \mathrm{E}[(x - \mu_x)(x - \mu_x)^{\mathrm{T}}]$$

$$C_x = \begin{bmatrix} c_{0,0} & c_{0,1} & \cdots & c_{0,N-1} \\ c_{1,0} & c_{1,1} & \cdots & c_{1,N-1} \\ \vdots & \vdots & \ddots & \vdots \\ c_{N-1,0} & c_{N-1,1} & \cdots & c_{N-1,N-1} \end{bmatrix}$$

$$C_{i,j} = \mathrm{E}[(x(i) - \mu_x)(x(j) - \mu_x)]$$

K-L 变换步骤如下。

步骤 1 由 λ 的 N 阶多项式 $|\lambda I - C_x| = 0$，求矩阵 C_x 的特征值

$$\lambda_0, \lambda_1, \cdots, \lambda_{N-1}; \quad \lambda_0 > \lambda_1 > \lambda_2 > \cdots > \lambda_{N-2} > \lambda_{N-1}$$

步骤 2 由 $C_x A_i = \lambda_i A_i$ 求矩阵 C_x 的 N 个特征向量 $A_0, A_1, \cdots, A_{N-1}$；

步骤 3 $A_0, A_1, \cdots, A_{N-1}$ 归一化，令 $< A_i, A_j >\, = 1$，$i = 0, 1, 2, \cdots, N-1$；

步骤 4 构成 A，$A = [A_0, A_1, \cdots, A_{N-1}]$；

步骤 5 由 $y = Ax$，实现对信号的 K-L 变换。

K-L 变换的性质分析如下。

K-L 变换的逆变换为

$$\boldsymbol{x} = \boldsymbol{A}^{\mathrm{T}} y = [\boldsymbol{A}_0, \boldsymbol{A}_1, \cdots, \boldsymbol{A}_{N-1}] y =$$

$$y(0)\boldsymbol{A}_0 + y(1)\boldsymbol{A}_1 + \cdots + y(N-1)\boldsymbol{A}_{N-1} = \sum_{i=0}^{N-1} y(i)\boldsymbol{A}_i$$

数据压缩截断后为 $\hat{x} = \sum_{i=0}^{m} y(i)\boldsymbol{A}_i$

均方误差定义为

$$\varepsilon = \mathrm{E}[(\boldsymbol{x} - \hat{\boldsymbol{x}})^{\mathrm{T}}(\boldsymbol{x} - \hat{\boldsymbol{x}})]$$

对零均值平稳过程，截断的最小均方误差为

$$\varepsilon_{\min} = \sum_{i=m+1}^{N-1} \lambda_i, \quad \lambda_1 > \lambda_2 > \cdots > \lambda_{N-1}$$

经过 K-L 变换后，完全去除了原信号 $\boldsymbol{x}$ 中的相关性，进行数据压缩时将 $y(n)$ 截断使所得的均方误差最小，$\lambda_0 > \lambda_1 > \cdots > \lambda_{N-1}$，将 λ_{m+1} 以后舍去，保留了最大的能量，即保留了原信号的最大能量。K-L 变换也有其不足之处，如特征值与特征向量的计算比较困难，目前还没有关于 K-L 变换的快速算法。

5.3.2　Logistic 二值序列的产生及其 K-L 变换

Logistic 映射的数学表达式如式（5-1）所示。当 μ 取值为[3.569 945 6,4]区间时，Logistic 映射将表现出复杂的混沌动力学特性。由式（5-1）设计了如图 5-1 所示的基于 simulink 的 Logistic 混沌映射数字电路模型，该模型的初始密钥取值区间为 $x_1 \in (0,1)$，由此模型得到的密钥序列发生器的输出值为 0/1 序列[16]。

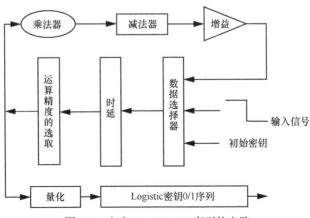

图 5-1　产生 Logistic 0/1 序列的电路

对于 Logistic 二值序列 $(x_1, x_2, \cdots, x_N)$，这里选择嵌入维数 m，0/1 序列右移的个数为时延 τ，重构相空间后该时间序列形成的矩阵为 $\boldsymbol{X}_{m \times N_m}$ [17]。

$$\boldsymbol{X}_{m \times N_m} = \begin{bmatrix} x_1 & x_2 & \cdots & x_{N_m} \\ x_{1+\tau} & x_{2+\tau} & \cdots & x_{N_m+\tau} \\ \vdots & \vdots & \ddots & \vdots \\ x_{1+(m-1)\tau} & x_{2+(m-1)\tau} & \cdots & x_{N_m+(m-1)\tau} \end{bmatrix} \tag{5-5}$$

这里把每一列定义为一组向量，$\boldsymbol{X}_{m \times N_m}$ 矩阵可表示为 $\boldsymbol{X}_{m \times N_m} = [\boldsymbol{X}_1, \boldsymbol{X}_2, \cdots, \boldsymbol{X}_{N_m}]$，其中矩阵中的元素 $\boldsymbol{X}_i (i = 1, 2, 3, \cdots, N_m)$ 都具有 m 个样本。

由式（5-5）构成的协方差矩阵为一个 $N_m \times N_m$ 的矩阵，此协方差矩阵可表示为

$$\boldsymbol{Z} = \begin{bmatrix} c_{11} & c_{12} & \cdots & c_{1N_m} \\ c_{21} & c_{22} & \cdots & c_{2N_m} \\ \vdots & \vdots & \ddots & \vdots \\ c_{N_m 1} & c_{N_m 2} & \cdots & c_{N_m N_m} \end{bmatrix} \tag{5-6}$$

$\boldsymbol{Z}$ 为实对称矩阵，矩阵中每一个元素 $c_{ij} (i = 1, 2, \cdots, N_m, \ j = 1, 2, \cdots, N_m)$ 为对第 i 列与第 j 列的协方差

$$c_{ij} = \mathrm{E}\left\{ (\boldsymbol{X}_i - \boldsymbol{M}_{X_i})(\boldsymbol{X}_j - \boldsymbol{M}_{X_j}) \right\} \tag{5-7}$$

平均向量定义如式（5-8）所示。

$$\boldsymbol{M}_{X_i} = \mathrm{E}(\boldsymbol{X}_i), \boldsymbol{M}_{X_i} \cong \frac{1}{m} \sum_{j=1}^{m} \boldsymbol{X}(j, i) \tag{5-8}$$

协方差矩阵 $\boldsymbol{Z}$ 的特征值和特征向量分别为 λ 与 $\boldsymbol{F}$，则有

$$|\boldsymbol{Z} - \lambda I| = 0 \tag{5-9}$$

$$\boldsymbol{Z}\boldsymbol{F} = \lambda \boldsymbol{F} \tag{5-10}$$

其中，特征向量 $\boldsymbol{F}$ 为 N_m 维。由式（5-9）、式（5-10）能够解出 N_m 个特征值 $\lambda_1, \lambda_2, \cdots, \lambda_{N_m}$，将 N_m 个特征值分别代入式（5-10）中，得出各特征值对应的特征向量为

$$\boldsymbol{F}_i = [f_{i1}, f_{i2}, f_{i3}, \cdots, f_{iN_m}], \quad i = 1, 2, \cdots, N_m \tag{5-11}$$

最后，将每个特征向量转置，所构成矩阵即为变换矩阵

$$\boldsymbol{\Phi} = [\boldsymbol{F}_1^{\mathrm{T}}, \boldsymbol{F}_2^{\mathrm{T}}, \cdots, \boldsymbol{F}_{N_m}^{\mathrm{T}}] = \begin{pmatrix} f_{11} & f_{12} & \cdots & f_{1N_m} \\ f_{21} & f_{22} & \cdots & f_{2N_m} \\ \vdots & \vdots & \ddots & \vdots \\ f_{N_m1} & f_{N_m2} & \cdots & f_{N_mN_m} \end{pmatrix} \tag{5-12}$$

将得到的 $\boldsymbol{\Phi}$ 与 $\boldsymbol{X}$ 相乘即完成了对 $\boldsymbol{X}$ 的 K-L 变换，降低了 $\boldsymbol{X}$ 的相关性。

5.3.3　K-L 变换前后混沌序列预测对比分析

对 Logistic 混沌映射数字电路模型改进如图 5-2 所示。

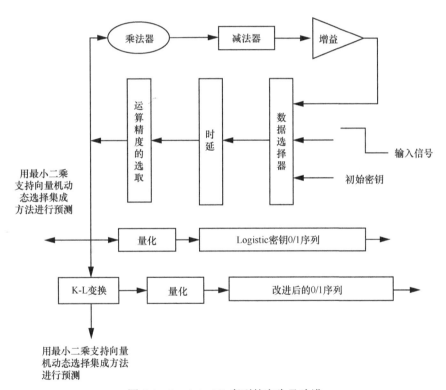

图 5-2　Logistic 0/1 序列的产生及改进

为了验证改进后的序列可预测能力是否降低，选取第 2 章的最小二乘支持向量机动态选择集成算法，分别对电路生成的序列（量化前）和相空间重构 K-L 变换后的序列（量化前）进行预测。实验数据分别取自精度为 18、24、36 时对应的 Logistic 电路产生的实值序列。为了消除暂态影响，从第 5 000 时间

序列开始取值，其中训练样本选取 500 个，测试样本选取 1 000 个。K-L 变换相空间选取 $m=100$，$\tau=1$。LS-SVM 参数设置如下：核函数为 RBF 高斯核，其中核宽度为 $\sigma=\sqrt{3}$，惩罚因子 $\gamma=8\,500$，集成算法的迭代次数 $T=30$，最近邻 $K=5$，集成选择学习机个数为 2。图 5-3 和图 5-4 分别为对精度为 18 时对应的 K-L 变换前和 K-L 变换后的时间序列的预测结果，图 5-5 和图 5-6 分别为精度为 18 时 K-L 变换前与 K-L 变换后的时间序列的预测误差，图 5-7 和图 5-8 分别为精度为 24 时对应的 K-L 变换前和 K-L 变换后的时间序列的预测结果，图 5-9 和图 5-10 分别为精度为 24 时 K-L 变换前与 K-L 变换后的时间序列的预测误差，图 5-11 和图 5-12 分别为精度为 36 时对应的 K-L 变换前和 K-L 变换后的时间序列的预测结果，图 5-13 和图 5-14 分别为精度为 36 时 K-L 变换前与 K-L 变换后的时间序列的预测误差，表 5-1 为精度为 18、24、36 时的 K-L 变换前后序列预测训练误差与测试误差比较。本章采用均方根误差以及正则化均方根误差两种指标，计算式如下

$$E_{\text{RMSE}}=\sqrt{\sum_{j=1}^{N}\frac{(y(j)-\hat{y}(j))^{2}}{N}} \tag{5-13}$$

$$E_{\text{NRMSE}}=\frac{E_{\text{RMSE}}}{\sigma} \tag{5-14}$$

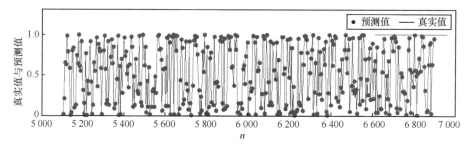

图 5-3　精度为 18 时 K-L 变换前时间序列预测实际输出和单步预测输出

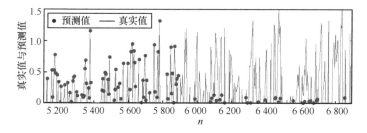

图 5-4　精度为 18 时 K-L 变换后时间序列预测实际输出和单步预测输出

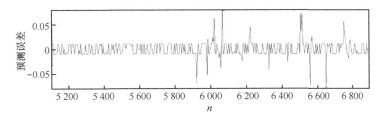

图 5-5　精度为 18 时 K-L 变换前时间序列预测误差分布

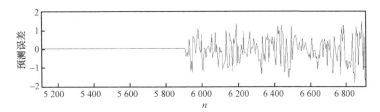

图 5-6　精度为 18 时 K-L 变换后时间序列预测误差分布

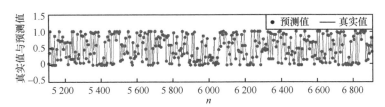

图 5-7　精度为 24 时 K-L 变换前时间序列预测实际输出和单步预测输出

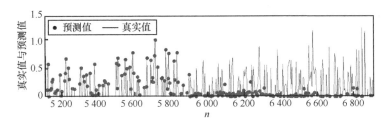

图 5-8　精度为 24 时 K-L 变换后时间序列预测实际输出和单步预测输出

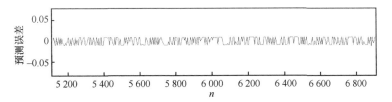

图 5-9　精度为 24 时 K-L 变换前时间序列预测误差分布

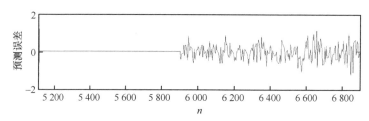

图 5-10   精度为 24 时 K-L 变换后时间序列预测误差分布

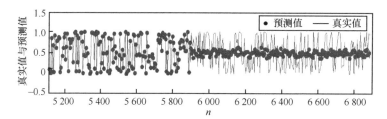

图 5-11   精度为 36 时 K-L 变换前时间序列预测实际输出和单步预测输出

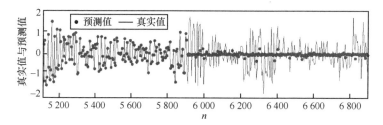

图 5-12   精度为 36 时 K-L 变换后时间序列预测实际输出和单步预测输出

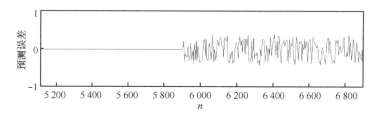

图 5-13   精度为 36 时 K-L 变换前时间序列预测误差分布

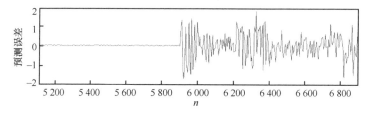

图 5-14   精度为 36 时 K-L 变换后时间序列预测误差分布

表 5-1　不同精度下 K-L 变换前后单步预测的预测性能比较

精度	训练集		测试集	
	E_{RMSE}	E_{NRMSE}	E_{RMSE}	E_{NRMSE}
18（K-L 变换前）	0.010	0.075	0.020	0.159
18（K-L 变换后）	0.009	0.025	0.687	1.859
24（K-L 变换前）	0.009	0.074	0.009	0.075
24（K-L 变换后）	0.009	0.025	0.466	1.248
36（K-L 变换前）	0.009	0.076	0.349	2.794
36（K-L 变换后）	0.009	0.025	0.714	1.902

由图 5-3 和图 5-7 可以看出，在精度为 18 和 24 时 K-L 变换前序列的预测性能很好；从图 5-5 和图 5-9 预测误差曲线来看，两者的差距是很细微的，这也证实了应用最小二乘支持向量机动态选择集成算法可以很好地预测由电路产生的混沌系统。从图 5-4 和图 5-8 可以看出，在精度为 18 和 24 时对序列进行 K-L 变换后序列变化明显，并且预测性能也受很大影响；从图 5-6 和图 5-10 的预测误差曲线来看，变换后的预测误差有明显的提高。从原理上分析，主要是由于 K-L 变换很好地去除了序列的相关性，当精度比较低时，序列的相关性很强，预测效果自然会好些，但变换后相关性减弱，预测效果就会差一些。从图 5-11 和图 5-12 来看，当精度为 36 时 K-L 变换前后预测的性能差别并不大，这是由于随着运算精度的增加，序列的相关性降低，由于训练样本长度为 500，预测样本长度为 1 000 比较短，在精度为 36 时还检测不到周期（这在后边的相关性检测中已经证实），所以 K-L 变换对精度为 36 时的短序列影响不大。从表 5-1 可以看出，K-L 变换对训练样本的预测性能影响不大，甚至变换后正则化均方根误差还要小一些，这和 K-L 变换后的序列的方差 σ 变化有一定关系。但更关心的是测试样本的预测性能，从测试样本来看，精度为 18、24 时 K-L 变换后的预测性能明显变差，由于精度为 36 时短序列本身相关性就很弱，因此周期为 36 时变换前后的预测性能变化并不明显。从实验结果可以看出，K-L 变换可以提高序列的预测难度。

5.3.4　K-L 变换前后自相关分析

在 MATLAB 环境下进行算法仿真，在图 5-1 中选取 Logistic 方程的参数 $\mu=4$，初始值 $X(0) = 0.2$ 作为初始密钥。在实验中选取不同的精度得到的自相关测试如图 5-15 所示。

由实验结果可知，混沌系统的数字化过程中，计算机的运算精度是造成混沌动力学特性退化的重要原因，如果运算精度较高，则数字混沌动力学特性随机性较强，但是运算精度在系统中是有一定限度的，不可能任意选取很大的运算精度，这就造成了在有限的精度下产生的数字化混沌序列，不可避免地出现了短周期现象。若用这样的序列对信息进行加密，可能导致加密文件的密文也出现短周期现象，使破译者容易找到破译的缺口，最终会造成加密系统的不安全。

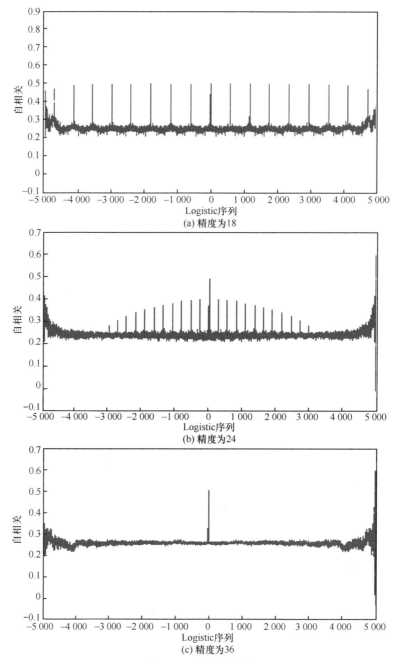

图 5-15　自相关测试

　　针对混沌退化造成的短周期现象，本节提出首先对 Logistic 序列利用时延坐标状态空间法进行相空间重构，然后对重构后的相空间进行 K-L 变换的改进方法，实验后的自相关图仿真结果如图 5-16 所示。

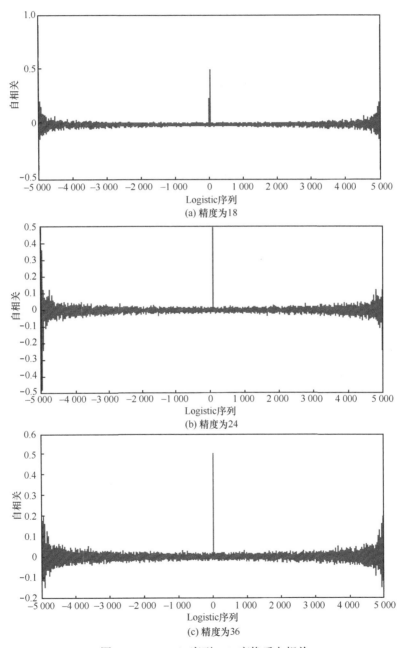

图 5-16　Logistic 序列 K-L 变换后自相关

由图 5-16 可以看出，K-L 变换后的混沌序列自相关性明显减弱，即使精度很低的时候，也几乎看不到序列之间的相关性。保密通信中，希望加密信号尽可能与噪声相似，这样便于信号的伪装。下面分析噪声的信号相关性，并以高斯白噪声为例进行比较。

白噪声是一种功率谱密度为常数的随机信号。理想白噪声带宽是无限的，这样其能量就应该是无限大的。在现实中，这样的信号是不存在的，而是将有限带宽的平整信号看作白噪声。白噪声的统计特性表现为自相关为零的空域噪声信号。白噪声中有泊松白噪声、柯西白噪声、高斯白噪声等。最常见的白噪声为高斯白噪声，其统计特性如式（5-15）和式（5-16）所示。

白噪声的数学期望为

$$\mu_n = \mathrm{E}\{n(t)\} = 0 \qquad (5\text{-}15)$$

自相关函数为

$$r_{nn} = \mathrm{E}\{n(t)n(t-\tau)\} = \sigma(\tau) \qquad (5\text{-}16)$$

在 MATLAB 环境中产生高斯白噪声序列，并对其进行自相关性分析，如图 5-17 所示。

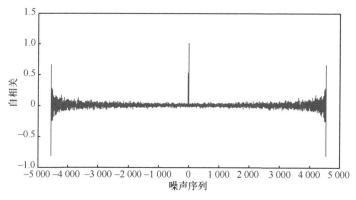

图 5-17　高斯白噪声序列自相关

比较图 5-16 和图 5-17 可知，采用本节的方法不但能够降低 Logistic 序列之间的相关性，而且变换后生成序列的自相关性与高斯白噪声自相关性非常相似，能够增大 Logistic 序列的周期性，弥补数字混沌短周期现象。由于其自相关函数类似于高斯白噪声，而高斯白噪声是最常见的噪声，因此用该序列构成的加密系统具有更好的隐藏性能，使数字混沌密钥序列可安全应用于加密系统。

5.3.5　频谱分析

白噪声是现实生活中最常见的噪声，如果加密信号的频谱特性与噪声的频谱

特性相同或者接近，则更有助于信息的隐藏。下面将图 5-1 产生的 Logistic 的 0/1
序列以及 K-L 变换后的序列进行频谱分析，如图 5-18 和图 5-19 所示，并将其与
高斯白噪声序列频谱图（如图 5-20 所示）进行比较。

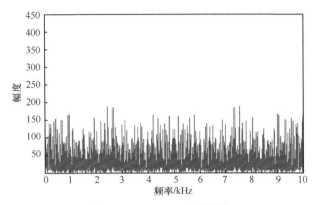

图 5-18　Logistic 序列频谱

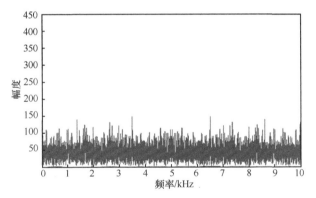

图 5-19　Logistic 序列 K-L 变换后频谱

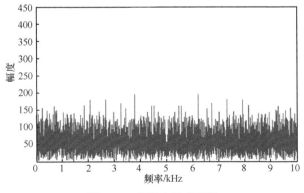

图 5-20　高斯白噪声频谱

仿真结果显示，K-L 变换后的 Logistic 0/1 序列频谱类似于高斯白噪声频谱，对于依靠频谱分析破译混沌保密通信的方法具有很好的防御作用。

5.3.6 时频分析

为了分析二值化后序列的特性，对 Logistic 0/1 序列以及 K-L 变换后的序列进行时频分析，实验结果分别如图 5-21 和图 5-22 所示。

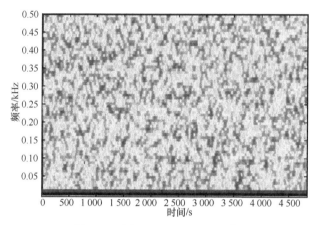

图 5-21　原 Logistic 0/1 时频分析

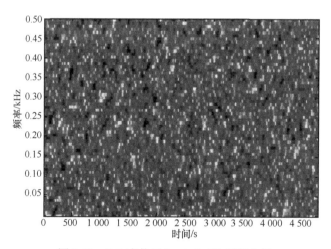

图 5-22　K-L 变换后 Logistic 0/1 时频分析

由时频分析图可见，由图 5-1 生成的 Logistic0/1 序列能量大部分都集中在低频段，而经过 K-L 变换后的 Logistic 0/1 序列能量则分布比较均匀。能量均匀分布相比于只集中在低频段的序列而言，显然具有更好的随机性。

5.3.7　周期及复杂度分析

本节利用 Chen 等[18]提出的从神经网络的角度对给出的 0/1 序列复杂度进行确定的方法。该方法由布尔函数确定序列的复杂度。任意具有 2^n 符号的 0/1 序列可以确定一个 n 位的布尔函数，所有的布尔函数都可分成线性可分离布尔函数和非线性可分离布尔函数两类。通过单神经元可以实现线性可分离布尔函数，应用具有隐藏层的复杂神经网络可以实现非线性可分离布尔函数。对于任意一个给定的足够长的 Logistic 的 0/1 序列及给定的正整数 n，可以在这个序列中选择一组 2^n 长度的连续子序列，定义这组 2^n 长度的连续子序列的最小、最大以及平均非线性可分离度为该序列的最小、最大以及平均复杂度。用该方法分别对图 5-1 产生的 Logistic 的 0/1 序列，以及相空间重构 K-L 变换并归一化的 0/1 序列进行周期和复杂度的分析，在实验中序列选取 10 000 位，测得的周期和复杂度如表 5-2 所示。

表 5-2　K-L 变换前后序列的周期与复杂度

序列名称	图 5-1 产生的 Logistic 的 0/1 序列	相空间重构 K-L 变换后的归一化的 0/1 序列
周期	588	无周期
最小复杂度	0.117 505	0.123 653
最大复杂度	0.127 293	0.131 246
平均复杂度	0.123 136	0.127 419

通过表 5-2 可以看出，图 5-1 产生的 Logistic 的 0/1 序列用该方法测出的序列周期为 588，而相空间重构 K-L 变换后的归一化的 0/1 序列在长度为 10 000 位的时候测不到周期，说明本节方法在序列周期扩展方面具有很大提高。通过实验结果还可以看出，本节方法无论是最小、最大复杂度还是平均复杂度都有很大提高。在实验中，尝试改变序列的长度进行仿真实验，最终依然没有发现相空间重构 K-L 变换后的归一化的 0/1 序列具有周期，其复杂度依然有较为明显的提高，从而说明了本节方法在提高序列周期和复杂度方面是非常有效的。

🔍5.4　基于双重 K-L 变换的混沌时间序列相关性去除法

5.4.1　双重 K-L 变换方法

5.3 节采用相空间重构 K-L 变换方法对 Logistic 密钥序列进行了改进，最终很好地提高了序列的周期和复杂度，但受限于相空间重构和计算机位数的影响，用该方法生成的序列长度是有限的（K-L 变换选取了 5 000 个点）。这样短的序列显然不能满足混沌加密的需要，为了解决这个问题，本节在相空间重构的方法上进行了改进，新的算法不再选用坐标时延的相空间重构方法，而是把所有序列分行置于构造的矩阵中，在此基础上如果只进行列向量或行向量的 K-L 变换显然去相关性不会很好，因此，分别对行向量和列向量都进行 K-L 变换，即对 Logistic 密钥序列进行双重 K-L 变换，这里选取 1 000 000 个 Logistic 0/1 序列，逐行排列变成 1 000×1 000 的矩阵。对该矩阵做 K-L 变换，然后对变换的转置矩阵做一次 K-L 变换。此方法不但增加了运算速度，也使序列的生成长度明显增加。实验仿真部分对该生成序列的周期和复杂度进行比较。具体的双重 K-L 变换算法步骤如下。

步骤 1 由图 5-1 Logistic 混沌序列的电路产生 1 000 000 个 Logistic 0/1 序列值 $x = (x_1, x_2, \cdots, x_{1\,000\,000})$，分行构造成 1 000×1 000 的矩阵。

$$A = \begin{bmatrix} x_1 & x_2 & \cdots & x_{1\,000} \\ x_{1\,001} & x_{1\,002} & \cdots & x_{2\,000} \\ \vdots & \vdots & \ddots & \vdots \\ x_{999\,001} & x_{999\,002} & \cdots & x_{1\,000\,000} \end{bmatrix} \tag{5-17}$$

步骤 2 对矩阵 A 按式（5-7）～式（5-12）运算并进行 K-L 变换，得到矩阵 B。

$$B = \begin{bmatrix} y_1 & y_2 & \cdots & y_{1\,000} \\ y_{1\,001} & y_{1\,002} & \cdots & y_{2\,000} \\ \vdots & \vdots & \ddots & \vdots \\ y_{999\,001} & y_{999\,002} & \cdots & y_{1\,000\,000} \end{bmatrix} \tag{5-18}$$

步骤 3 按式（5-7）～式（5-12）对转置后的矩阵 B^{T} 进行 K-L 变换，得到矩阵 C。

$$C = \begin{bmatrix} z_1 & z_2 & \cdots & z_{1\,000} \\ z_{1\,001} & z_{1\,002} & \cdots & z_{2\,000} \\ \vdots & \vdots & \ddots & \vdots \\ z_{999\,001} & z_{999\,002} & \cdots & z_{1\,000\,000} \end{bmatrix} \tag{5-19}$$

C 即为双重 K-L 变换后的矩阵。

步骤 4 将矩阵 C 还原成序列值 $y = (y_1, y_2, \cdots, y_{1\,000\,000})$，则 $y = (y_1, y_2, \cdots, y_{1\,000\,000})$ 为双重 K-L 变换后的 Logistic 密钥序列。

5.4.2 自相关分析

首先，在图 5-1 中选取 Logistic 方程的 $\mu = 4$，初始值 $X(0) = 0.2$ 作为初始密钥的条件，分别迭代出 5 000 个 Logistic 0/1 序列值和 1 000 000 个 Logistic 0/1 序列值。5 000 个 Logistic 0/1 序列值选取不同的精度时，其自相关测试如图 5-23 所示。

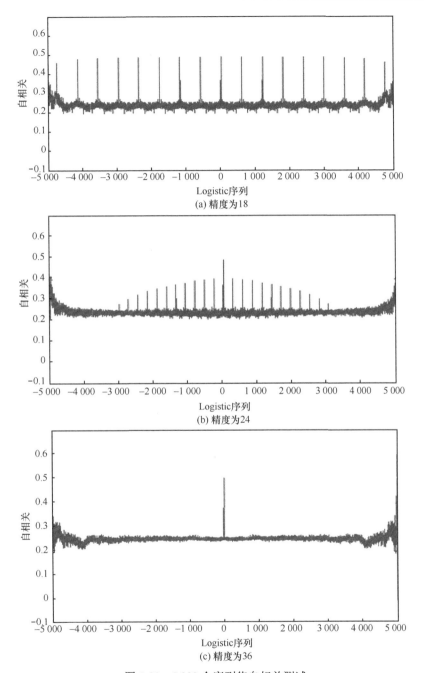

(a) 精度为 18

(b) 精度为 24

(c) 精度为 36

图 5-23　5 000 个序列值自相关测试

　　选取不同的计算精度时，1 000 000 个 Logistic 0/1 序列值自相关测试如图 5-24 所示。

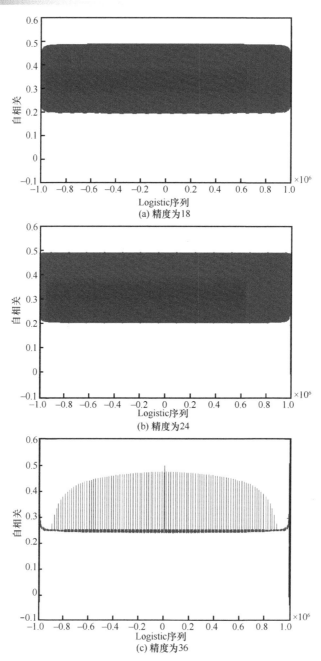

图 5-24 1 000 000 个序列值自相关测试

由图 5-23 和图 5-24 可以看出，随着序列长度的增加，序列的周期性明显增强，序列的周期受运算精度的影响，提高运算精度可以减少序列的周期。当序列长度为 5 000 时，把运算精度提高到 36，通过自相关性就检测不到序列的周期了；

但当把序列长度延长到 1 000 000 时，发现序列的周期和类周期依然存在，并且存在很多个周期。应用这样的序列进行混沌加密，会降低系统的安全性。由于序列比较长时，5.3 节提出的相空间重构 K-L 变换方法已经不适用，为了解决这个问题本节采用双重 K-L 变换方法，自相关图仿真结果如图 5-25 所示。

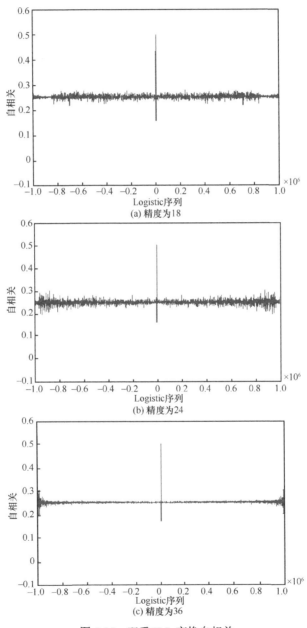

(a) 精度为18

(b) 精度为24

(c) 精度为36

图 5-25　双重 K-L 变换自相关

由图 5-25 可知，应用双重 K-L 变换方法成功地克服了 K-L 变换序列长度受限的问题，非常有效地降低了 Logistic 序列之间的相关性，并且增大了 Logistic 序列的周期。当精度为 18 时，双重 K-L 变换后序列长度为 1 000 000 的密钥序列值仍然没有出现类周期现象，由此可以看出，双重 K-L 变换具有非常好的去相关效果，能够有效提升序列的随机性。此方法解决了低精度下，较长混沌序列加密后产生的周期性问题，可以提高混沌加密系统的安全性。

5.4.3 频谱分析

图 5-1 产生的 Logistic 的 0/1 序列频谱如图 5-26 所示，双重 K-L 变换后的序列频谱如图 5-27 所示，高斯白噪声序列频谱如图 5-28 所示。

由仿真结果不难发现，相比于 Logistic 序列频谱，Logistic 序列双重 K-L 变换后频谱与高斯白噪声的频谱更相像，说明 Logistic 序列双重 K-L 变换产生的序列应用于加密系统中频谱的伪装性更强。

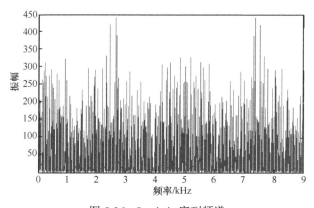

图 5-26 Logistic 序列频谱

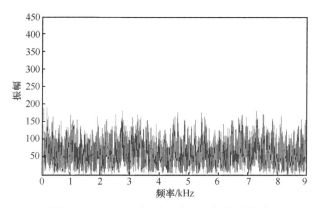

图 5-27 Logistic 序列双重 K-L 变换后频谱

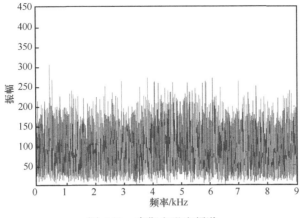

图 5-28　高斯白噪声频谱

5.4.4　周期及复杂度分析

对由图 5-1 产生的不同精度和长度的 Logistic 的 0/1 序列以及对该序列进行双重 K-L 变换后并归一化的 0/1 序列进行周期和复杂度的分析，本节方法仍然采用文献[18]所提的从神经经网络的角度并由布尔函数确定序列的复杂度。Logistic 序列分别选取 65 536 和 327 680 位，运算精度仍然选取 18、24 和 36，仿真测得周期和复杂度如表 5-3 所示。

表 5-3　双重 K-L 变换前后序列的周期与复杂度的比较

序列名称	图 5-1 产生的 Logistic 的 0/1 序列						双重 K-L 变换后的归一化的 0/1 序列					
	65 536 位的 0/1 序列			327 680 位的 0/1 序列			65 536 位的 0/1 序列			327 680 位的 0/1 序列		
精度	18	24	36	18	24	36	18	24	36	18	24	36
周期	588	272	无	588	272	17 573	无	无	无	无	无	无
最小复杂度	0.111 4	0.114 3	0.119 5	0.113 7	0.119 3	0.119 5	0.119 5	0.122 5	0.119 5	0.122 9	0.122 8	0.119 7
最大复杂度	0.126 8	0.128 7	0.130 2	0.126 6	0.127 0	0.129 1	0.130 2	0.130 4	0.130 0	0.130 1	0.130 8	0.131 0
平均复杂度	0.120 2	0.123 0	0.125 3	0.121 8	0.123 4	0.123 5	0.125 3	0.126 4	0.126 4	0.127 3	0.127 9	0.126 5

通过表 5-3 可以看出，对于长度为 65 536 的 Logistic 0/1 序列，变换前的周期分别为 558、272、测不到周期，经过双重 K-L 变换后，序列的周期都无法检测到；同时变换后和变换前相比，最小、最大复杂度与平均复杂度都有了一定的提高。为了证明算法的有效性，又把序列长度提高到 327 680，再一次进行周期和复杂度测试，实验结果为变换前周期分别为 588、272、17 573，说明增加序列长度后在精度为 36 时仍然测出了周期，双重 K-L 变换后的归一化的 0/1 序列周期都检测不到。

在相同的精度下，最小、最大和平均复杂度都有所提高，充分证明了应用双重 K-L 变换方法可以有效地提高序列的周期和复杂度，而序列的周期和复杂度也是序列随机性的体现，因此可以证明双重 K-L 变换方法提高了序列的随机性。

5.5　本章小结

　　混沌的初值敏感性以及混沌良好的内随机性都为混沌保密通信的发展奠定了良好的基础，本章首先对混沌保密通信过程中所出现的混沌退化现象、混沌短周期现象进行了分析。计算机系统的截断误差的存在使混沌系统出现退化现象，导致混沌密钥序列出现了短周期、低复杂度现象。为了解决这个问题，本章分析了混沌序列的相关性，并针对混沌序列相关性问题提出了重构相空间 K-L 变换的方法，该方法成功地去除了混沌序列的相关性，提高了序列的预测难度、周期和复杂度。但该方法受限于相空间重构平移位数和计算机影响，只能对较短长度的序列进行变换，为了解决这个问题，本章又提出了双重 K-L 变换思想。实验结果表明，双重 K-L 变换不但能够提高序列的周期和复杂度，并且序列的长度和运算速度都有所增加，由本章所构成的序列随机性较好，适合应用于混沌保密通信系统中。

参考文献

[1]　谢英慧, 孙增圻. 时滞 Chen 混沌系统的指数同步及在保密通信中的应用[J]. 控制理论与应用, 2010, 27(2): 133-137.

[2]　包浩明. 混沌理论在保密通信系统的应用研究[D]. 大连: 大连海事大学, 2011.

[3]　朱健豪. 离散混沌保密通信系统的研究与实现[D]. 长春: 吉林大学, 2013.

[4]　刘乐柱, 张季谦, 许贵霞, 等. 一种基于混沌系统部分序列参数辨识的混沌保密通信方法[J]. 物理学报, 2014, 63(1): 32-37.

[5]　李震波, 唐驾时. 参数扰动下的混沌同步控制及其保密通信方案[J]. 控制理论与应用, 2014, 31(5): 592-600.

[6]　SHORT K M. Stepstowardunmaskingsecure communications[J]. Bifurcation and Chaos, 1994, 4(4): 959-977.

[7]　SHORT K M. Unmaskingamodulatedchaoticcommunicationsscheme[J]. Bifurcation and Chaos, 1996, 6(2): 367-375.

[8]　SHORT K M, PARKER A T. Unmasking a hyperchaotic communication scheme[J]. Physical Review E, 1998, 58(1): 1159-1162.

[9]　陶超, 杜功焕. 用非线性预测方法破译离散混沌系统保密通讯[C]//中国声学学会 2001 年青

年学术会议论文集. 北京:中国声学学会,2001: 24-26.

[10] 盛利元, 全俊斌. 计算机迭代下混沌序列的周期研究[J]. 计算机应用, 2010, 30(7): 1802-1804.

[11] 盛利元, 张刚. 截断误差导致的非双曲不动点邻域拓扑变异[J]. 物理学报, 2010, 59(9): 5972-5978.

[12] 饶妮妮. 一类混合混沌序列及其特性分析[J]. 电子科技大学学报, 2001, 30(2): 115-119.

[13] 李孟婷,赵泽茂.一种新的混沌伪随机序列的生成方法[J]. 计算机应用研究,2011, 28(1): 341-344.

[14] 李彩虹, 李贻斌, 赵磊, 等. 一维 Logistic 映射混沌伪随机序列统计特性研究[J]. 计算机应用研究, 2014, 31(5): 1403-1406.

[15] 田澈, 卢辉斌, 张丽. 一种新的超混沌序列生成方法与应用[J]. 计算机应用研究, 2012, 29(4): 1405-1408.

[16] DING Q, PANG J, FANG J Q, et al. Designing of chaotic system output sequence circuit based on FPGA and its possible applications in network encryption card[J]. International Journal of Innovative Computing, Information and Control, 2007, 3(2): 449-456.

[17] 王妍. 相空间重构、分叉及经济系统吸引子分析[D]. 西安: 西北工业大学, 2006.

[18] CHEN F Y, CHEN G R. Universal perceptron and DNA-like learning algorithm for binary neural networks: LSBF and PBF implementations[J]. IEEE Transactions on Neural Networks, 2009, 20(10): 1645-1658.

第6章
混沌时间序列预测及其
抵抗方法的结论与展望

　　混沌时间序列是由混沌系统离散化产生的,它是一个短期可预测但长期不可预测的类随机系统,在其貌似混乱的背后有一定的规律性。由于它广泛存在于我们的生产和生活中的各个领域,因此引起了广大研究者的重视。近些年关于混沌时间序列预测的研究从未间断,伴随着机器学习理论的发展,混沌时间序列预测研究达到了高潮,各种方法相继被提出。从神经网络到支持向量机,再到组合预测模型的出现,但这些方法大多是对已知样本进行学习,使其在样本间产生某种规则,然后利用学到的新规则对新的样本进行判断。这样的方法往往只对某些混沌时间序列适用,泛化能力不强是其最大的缺陷。为了改善这种缺陷,本书对混沌时间序列预测方法进行了研究,并通过仿真实验验证了方法的有效性。混沌的初值敏感性使混沌在保密通信领域得以快速发展,但混沌的短期可预测性、混沌的退化现象,以及混沌的短周期现象等都制约了混沌保密通信的发展,如何优化改进混沌序列使其克服这些缺陷成为众多学者研究的课题。基于此,本书对混沌序列的改进方法进行了一些研究。

　　具体的研究工作与创新点如下。

　　1)研究了集成算法在混沌时间序列预测中的应用问题,针对普通集成学习机收敛速度过快,错误率大于 0.5 学习机不能有效应用的问题,本书提出了一种自适应动态选择回归集成算法,并将其与最小二乘支持向量机算法结合,给出了基于最小二乘支持向量机动态选择集成混沌时间预测算法。应用该算法对各种不同非线性动力学系统模型产生的混沌时间序列进行预测,实验结果表明,该算法较其他算法预测性能更优且具有较好的稳定性和推广性。

　　2)研究了多尺度核在混沌时间序列中的应用问题。本书综合分析了一些学习方法的优点和缺点,并考虑到与预测模型其他待优化参数联合优化,提出了一种基于 PSO 智能优化算法的多核参数、相空间参数以及核参数向量和惩罚函数联合向量优化方法，弥补了以往经验选取和分步优化参数的不足，该方法获得的联合优化向量能使预测模型获得更优的预测精度，同时提升决策函数的表示能力和稳定性。实验中应用该算法对各种不同非线性动力学系统模型产生的混沌时间序列进行预测，实验结果表明该算法和其他算法比较在预测精度方面有较大提高。

3）研究了在混沌保密通信过程中序列的退化现象与短周期现象，分析了混沌序列的相关性，提出了相空间重构 K-L 变换方法来去除混沌序列的相关性，并通过仿真实验验证了该方法的有效性。通过应用本书所提最小二乘支持向量机动态选择集成混沌时间预测算法对变换前后的序列进行了预测，结果表明，变换后预测准确率下降，说明该算法提高了预测难度，有效低抗了对序列的预测。将该序列二值化后对 0/1 序列的周期和复杂度进行了测试，测试结果表明，所提方法提高了序列的周期和复杂度。由于进行相空间重构，影响了生成序列的速度与序列长度，为了解决这个问题，提出了双重 K-L 变换方法，该方法很好地去除了序列之间的相关性，由该方法得到的序列二值化后具有较高的周期和复杂度，同时序列的长度也得到了增加，生成了较好的伪随机序列，可以应用到加密系统中。

本书提出了基于集成算法的 SVR 预测模型，以及基于多核 SVR 的混沌预测模型，这些方法在实验仿真下得以验证。综合国内外相关文献和结合本书的研究，今后应在以下几个方面展开进一步的研究。

在所提出的集成算法中，基分类器之间的差异性是提升集成分类器性能的关键，因此，如何保证选择的基分类器具有一定的差异性是改善基于集成 SVR 回归算法混沌序列预测性能的手段。鉴于 SVR 算法的特殊性，能否通过改善 SVR 的高斯核参数以及惩罚参数来增加基分类器间的差异性值得深入研究。

基于多核 SVR 混沌序列预测算法中，能否针对不同的向量设定不同的核组合，即局部多核预测算法，根据不同训练向量与待测样本的相似性来决定该向量所使用的多核参数，这也是基于多核 SVR 混沌序列预测算法下一步研究的重点。

针对单个变量预测算法的局限性，能否利用多状态变量间的相关性指导预测算法对单个变量进行预测，也是提升混沌序列预测算法性能的关键问题。